뇌를 바꾼 공학
공학을 바꾼 뇌

뇌를 바꾼 공학 공학을 바꾼 뇌

뇌공학의 현재와 미래

임창환 지음

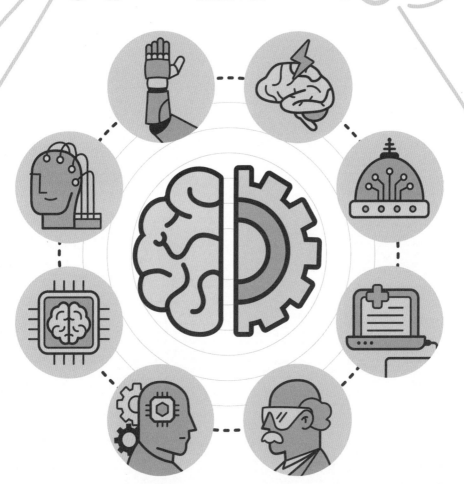

서문

만약 우리의 뇌가 이해할 수 있을 만큼 충분히 단순하다면
우리는 너무 단순해서 결코 뇌를 이해할 수 없을 것이다.
If our brains were simple enough for us to understand them,
we'd be so simple that we couldn't.

【이안 스튜어트 *Ian Stewart*】

1960년대 냉전 시절, 미국과 소련은 미지의 우주 공간을 선점하기 위해 엄청난 인력과 자원을 우주 개발에 쏟아 부었다. 그로부터 60여 년이 지난 지금, 전 세계는 다시 한번 역사적인 연구 프로젝트를 목격하고 있다. 2013년 4월 2일, 미국의 버락 오바마 대통령은 기자 회견을 갖고 미국 역사상 최대 규모의 민간 연구 프로젝트인 BRAIN

Initiative를 출범하여 무려 10년간 30억 달러를 뇌공학 연구에 투자하겠다고 발표했다. 유럽연합이 Human Brain Project^{HBP}라고 불리는 뇌 연구 프로젝트에 10년간 10억 유로를 투자하기로 발표한지 정확히 9개월 만의 일이다. 그런가 하면 전기자동차 분야를 선도하고 있는 테슬라^{Tesla}의 대표인 일론 머스크는 2017년 뉴럴링크^{Neuralink}라는 뇌공학 스타트업의 설립을 발표했고 현재까지 1조원에 달하는 엄청난 투자금을 유치했다. 한편 2022년에 중국이 중국 뇌 프로젝트$^{China Brain Project: CBP}$에 5년간 약 7억 5천만 달러의 연구비를 투자하겠다고 발표하자 미국은 BRAIN Initiative 2.0을 통해 2026년까지 20억 달러를 추가로 투입하겠다고 맞불을 놓았다.

왜 선진국들은 앞 다투어 뇌 연구에 대한 과감한 투자를 아끼지 않는 것일까? 그 이유는 인간의 수명 연장과도 무관하지 않다. 21세기 들어 서양 의학이 눈부신 발전을 거듭하고 있지만 인간의 뇌는 아직도 알고 있는 사실보다 모르는 사실이 훨씬 더 많은 미지의 대상이다. 인간 수명이 늘어나면서 치매, 뇌졸중, 파킨슨병과 같은 뇌 질환이 급격히 증가하고 있지만 아직 이들 질환의 정복은 요원하기만 하다. 놀라운 사실은 미국과 유럽이 뇌 연구에 배정된 투자 금액의 대부분을 뇌공학 기술 개발에 쏟아 붓고 있다는 점이다. 뇌공학이 인간 뇌의 비밀을 풀고 뇌질환을 정복하는 열쇠를 쥐고 있음을 보여주는 직접적인 증거다.

재미있게도 이미 우리는 뇌공학의 미래 모습을 수많은 공상과학 영화에서 생생한 영상으로 보아 왔다. 이제는 고전이 된 영화 〈매트릭스〉 시리즈에서부터 비교적 최근 개봉한 영화인 〈써로게이트〉, 〈아바타〉, 〈퍼시픽 림〉, 〈로보캅〉에 등장하는 인간 뇌와 컴퓨터 간의 접속 기술이나 〈이터널 선샤인〉에 등장하는 기억 조절 기술, 〈트랜센던스〉의 마인드 업로딩 기술에 이르기까지 뇌공학 기술이 나아가야 할 방향은 이미 모두 영상으로 만들어져 있다고 해도 과언이 아니다. 하지만 뇌공학자의 입장에서 아쉬웠던 점은 모두가 뇌공학의 장밋빛 미래를 이야기할 때 누구도 뇌공학의 현재, 즉 '우리가 어디에 서 있는지'를 제대로 알려주지 않았다는 것이다.

　필자가 뇌공학의 현재와 미래를 대중에게 알려보겠다는 일념으로 야심차게 집필한 『뇌를 바꾼 공학, 공학을 바꾼 뇌』를 출간한지 어느덧 7년 가까운 시간이 지났다. 필자로서는 예상치 못한 뜨거운 반응에 놀라기도 했고 수많은 질문 메일과 늘어난 대중 강연으로 바쁜 날들을 보냈지만 뇌공학에 대한 대중의 관심을 끌어내는 데 미약하나마 기여했다는 보람을 느끼기도 했던 시간이었다. 그간 후속작인 『바이오닉맨』이나 『브레인 3.0』을 통해 뇌공학 분야의 최신 연구를 일부 소개하기는 했지만 너무나 빠르게 변하는 뇌공학 분야의 최신 동향을 모두 다루지 못해 아쉬움이 있었다. 필자도 『뇌를 바꾼 공학, 공학을 바꾼 뇌』 개정증보판을 집필하면서 지난 7년 간 뇌공학 분야에서 일어났던 엄청난 변화를 정리하고 다시 한 번 뇌공학의 미래를 생각해 볼 수 있는 소중한 시간을 가질 수 있었다.

그런 점에서 이번 개정증보판 출간의 기회를 주신 MID 최종현 대표와 훌륭한 책을 완성해 주신 편집부 여러분들께 진심으로 감사드린다. 최근 들어 뇌과학과 뇌공학에 대한 청소년과 일반인의 관심이 크게 높아졌음을 느낀다. 본 책이 이런 긍정적인 변화에 일조할 수 있기를 기대한다. 특히 청소년이나 대학생 독자들이 이 책을 통해 뇌 연구에 대한 흥미를 갖게 되어 우리나라 뇌과학, 뇌공학의 발전에 이바지 하는 훌륭한 연구자로 성장하게 된다면 저자로서 더 바랄게 없겠다.

2023년 1월
임창환

차례

꿈을 저장할 수 있을까?

드림 레코더

Engineering for Brain, Brain for Engineering

"안녕하세요, 피지 섬 예약하셨죠?"

여기는 텔레미팅센터. 직원이 캡슐처럼 생긴 침대로 안내했다. 눈을 감자 기계가 가볍게 진동하더니 곧 눈앞에 아름다운 해변이 펼쳐졌다. 곁에는 미국에서 어학연수 중인 여자 친구가 있었다. 우리는 손을 잡고 나란히 해변을 거닐었다. 한 시간의 짧은 만남이었지만 잊지 못할 달콤한 시간이었다. 다음에는 함께 스카이다이빙을 해볼 생각이다.

공상과학(SF) 영화를 좋아하는 독자라면 쉽게 영화 〈매트릭스〉, 〈써로게이트〉, 〈아바타〉 속 장면을 떠올렸을 것이다. 영화 속 사람들은 가만히 앉아서도 가상현실에 접속해 어느 곳이든 마음대로 다닐 수 있다. 심지어 가상현실 속에서 느끼는 감각을 실제로 느낄 수도 있다.

이제는 이런 이야기를 그저 공상과학영화라고만 생각해서는 안 된다. 뇌공학자들은 이미 영화의 상상을 현실로 만들기 시작했다. 이들은 영화 속 가상현실을 실제로 만들기 위해 우선 사람의 생각을 뇌에서부터 읽어내는 기술을 개발하고 있다. 그리고 궁극적으로는 이 생각을 기록하고, 다시 꺼내어 볼 수 있는 이른바 '드림레코더'를 만들고 있다.

뇌공학자, 언제부터 '드림레코더'를 꿈꿨나?

기계로 사람의 생각을 읽는다는 개념은 이미 100여 년 전에 소개

됐다. 1919년 미국 뉴욕주의 시러큐스라는 소도시에서 발행되는 지방 일간지인 〈시러큐스 헤럴드^{Syracuse Herald}〉에 '이 기계는 당신의 모든 생각을 기록한다'라는 제목의 기사가 실렸다. 기사에는 한 남자가 머리에 전극이 달린 밴드를 착용하고, 이를 갈바노미터[1]와 연결해 종이테이프에 뇌파[2]를 기록하는 일러스트가 첨부돼 있다. 옆에 앉은 여비서는 종이에 기록된 뇌파를 해석해서 남자가 현재 무슨 생각을 하고 있는지를 기록으로 남기고 있다. 이 장치는 19세기 후반 네덜란드의 과학자 빌렘 아인트호벤^{Willem Einthoven}이 발명한 심전도계[3]를 뇌에서 발생하는 전기신호 측정 장치로 개조한 것으로 아이디어 자체는 매우 간단하다. 생각에 따라 반응하는 뇌의 부위와 전기적인 반응이 다르기 때문에 뇌파를 측정하면 그 사람이 어떤 생각을 하는지 역추적 할 수 있을 것이라는 아이디어다. '미래의 사무실 모습'이라는 이

1919년 6월 8일자 시러큐스 헤럴드 기사

---

1 전류의 크기와 방향에 따라 바늘이 좌우로 움직이는 민감한 전류계
2 뇌에서 발생하는 전기 신호
3 심장에서 발생하는 전기 신호를 측정하는 장치

일러스트는 얼핏 보면 그럴 듯해 보이기는 하지만 이 기계는 당시의 기술로는 실제 제작되지는 못했다. 뿐만 아니라 사람의 뇌파는 매우 복잡한 패턴을 가지고 있어서 컴퓨터의 도움 없이 사람이 눈으로 뇌파 파형을 판독한다는 것은 불가능한 일이다.

그럼에도 불구하고, 놀라운 사실은 이 아이디어가 독일의 정신의학자인 한스 베르거^{Hans Berger} 박사가 자기 아들의 머리에서 최초의 인간 뇌파를 측정한 때인 1924년보다 5년이나 앞서 발표됐다는 점이다. 통신과 교통이 현재처럼 발달하지 않았던 때인 20세기 초에 예나⁴라는 한적한 독일 소도시에 살고 있던 베르거 박사가 실제로 이 기사를 접할 수 있었을지는 확실치 않지만, 지금까지도 인터넷에서 이 사진이 널리 공유되고 있는 것을 보면 이 기사가 여러 학자들에게 오랫동안 영감을 줬으리라는 추측은 가능하다. 100여 년이 지난 현재, 컴퓨터 기술과 전자공학 기술의 눈부신 발전에 힘입어 1919년의 아이디어는 현실이 되고 있다. 일러스트와 꼭 닮은 헤드밴드^{headband}형 뇌파 측정기는 이미 전 세계 30개 이상의 회사에서 팔리고 있다. 심지어 헤드밴드를 착용하고 무선으로 휴대용 스마트기기와 통신하며 실시간으로 사용자의 감정과 스트레스를 읽는 기술도 개발되고 있다.

하지만 뇌파는 사람의 생각이나 꿈을 읽어낼 수 있을 만큼의 높

4　Jena, 구 동독 지방에 위치한 인구 10만의 소규모 대학 도시

1919년의 아이디어가 100년만에 현실이 되고 있다.

은 공간적인 해상력^{5}을 가지지 않는다. 뇌파는 뇌에서 발생하는 미세전류가 머리 표면(두피)에 만들어 내는 전위차(전압)를 검출하는 것인데 머리 표면과 뇌 사이에 위치하는 두개골은 전류를 잘 흘리지 못하기 때문에 전기신호의 크기가 감소하고 신호에 왜곡이 생긴다. 더군다나 신호를 측정하는 위치가 뇌에서 떨어져 있기 때문에 뇌의 여러

---

5   서로 다른 뇌활동의 공간적 패턴을 구별해 낼 수 있는 능력

신경세포(뉴런)가 활동을 하면 미세한 신경 전류가 생성이 된다. 만약 여러 개의 뉴런이 동시에 활동을 하면 이 때 생겨난 신경 전류가 머리 내부를 타고 흐른다. 이 전류를 측정하는 방법은 여러 가지가 있다. 신경세포 바로 위에서 바늘 모양으로 생긴 전극을 꽂아서 측정할 수도 있고(보통 여러 개의 바늘을 사용하기 때문에 '**미소 전극 배열**'이라고 한다), 머리 밖에서 측정할 수도 있다. 머리 밖에서 측정된 신경 전류를 '(두피) **뇌파**'라고 한다. 전극을 뇌에 꽂지 않고 뇌 위에 올려 놓아서 측정하는 방법도 있는데 이렇게 측정된 신호를 '**두개강 내 뇌파**'라고 한다.

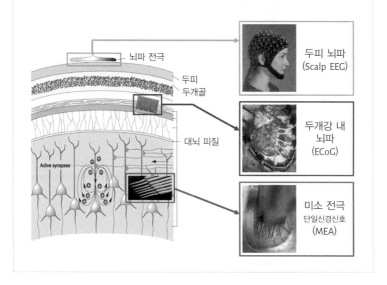

곳에서 발생한 신호들이 서로 중첩되어 특정한 뇌 활동만 분리하여 관찰하기 어렵다는 것도 문제 중 하나다.

드림레코더, 지금은 어디까지 왔나?

최근 들어 마이크로/나노 공정 기술이 급속히 발전하며 과학자들은 머리카락 굵기보다도 가는 미세한 바늘 형태의 전극을 제작할 수 있게 됐다. 이 미세바늘을 대뇌 피질[6] 표면에 찔러 넣으면 수십~수백 개의 신경세포 집단에서 발생하는 뇌의 전기신호를 정밀하게 관찰할 수 있다.

실제로 2004년 미국 브라운대학교에서는 이 방법으로 '브레인게이트[BrainGate]'라는 뇌-컴퓨터 접속[7] 장치를 만들었다. 미세바늘을 이식한 사지마비 환자들이 생각만으로 텔레비전 채널을 바꾸거나 웹서핑을 즐기는 모습이 공개돼 큰 호응을 받았다.

사실 대뇌 피질에 바늘 전극을 찔러 넣어 생각을 읽어내려는 시도는 이전에도 있었다. 2000년 미국 듀크대학교의 미겔 니코렐리스[Miguel Nicolelis] 교수 연구팀은 올빼미 원숭이의 대뇌 운동영역에 꽂아 놓은 미세 바늘 전극 배열에서 측정한 신경 신호를 실시간으로 분석해서 로봇 팔을 작동시키는 데 성공했다. 하지만 이 기술이 불과 4년 만에 사람에게 적용되리라고 예상한 과학자들은 많지 않았다. 대뇌 피질에 미세 전극을 꽂으면 감염의 위험이 있을 뿐만 아니라 발작을 일으킬 가능성도 있기 때문이다. 뿐만 아니라, 상처가 난 뇌 부위

---

6 대뇌의 가장 바깥 층, 뇌의 껍데기라고 생각하면 된다.
7 신경 신호를 읽어 외부 기기를 제어하거나 외부와 통신할 수 있게 하는 기술. Brain-Computer Interface, BCI 또는 Brain-Machine Interface, BMI라고 한다.

가 아물면서 전극의 신호 측정 감도가 떨어지기 때문에 시간이 갈수록 뇌-컴퓨터 접속 장치의 성능이 나빠지는 문제도 해결해야 했다.

자칫 생명이 위험해질 수도 있는 이 실험에 기꺼이 참가한 용감한 자원자는 매튜 네이글Matthew Nagle이라는 전직 미식축구 선수였다. 네이글은 전도유망한 미식축구 선수였지만 2001년 7월 미국 메사추세츠주의 한 해변에서 열린 불꽃축제를 구경하고 귀가하던 중에 강도를 만나 목 뒷부분이 칼에 찔리는 끔찍한 사고를 당한다. 네이글은 이 사고로 인해 뇌에서 발생한 신호를 온 몸으로 전달하는 역할을 하는 척수의 신경 다발에 심각한 손상을 입게 됐고 목 아래 부분 전체가 마비된다.

네이글이 사고를 당한지 3년이 지난 2004년 6월 22일, 유명 외과 의사인 게르하르트 프라이스Gerhard Friehs 박사의 집도로 네이글의 오른쪽 대뇌 운동피질에 96개의 미세 바늘로 만들어진 미세 전극 배열[8] 칩이 삽입됐다. 이 미세 전극 배열은 두개골에 장착된 커넥터를 통해 네이글의 신경 세포가 시시각각 만들어 내는 신경 신호의 패턴을 컴퓨터로 전송할 수 있었다. 컴퓨터는 사고를 당하기 전 왼손잡이였던 네이글이 자신의 왼손을 상하좌우로 움직이는 상상을 할 때 발생하는 신경 신호를 해독[9]해서 그의 앞에 놓여진 LCD 모니터에 나타난 마우스 커서를 움직이게 했다. 네이글이 이 새로운 장치에 익숙해지

---

8 microelectrode array. 유타 대학교에서 개발하여 "유타 어레이"라고 명명됐다.
9 전문 용어로 디코딩decoding이라고 한다

네이글의 머리에 이식된 유타 어레이(왼쪽), 네이글의 실험이 소개된 네이처 표지(오른쪽)

는 데에는 그리 긴 시간이 필요하지는 않았다. 비록 이 새로운 장치를 사용할 때마다 30분 동안 지루한 단순 반복 훈련을 거쳐야 했지만, 그 대가는 시간과 노력을 상쇄하기에 충분했다. 브라운대학교 연구팀은 마우스 커서를 움직여서 TV를 켜고 끄거나, 전자메일을 확인하거나, 라디오 볼륨을 조절할 수 있는 프로그램을 개발했고, 곧 네이글은 눈 앞에 보이는 거의 모든 전자장치들을 자유롭게 제어할 수 있게 됐다. 아쉽게도 네이글의 뇌에 이식된 전극은 미국 식품의약품안전청FDA의 권고로 인해 1년만에 제거됐지만 네이글의 성공은 미국 내에서만 200만 명에 달하는 신경계 손상 환자들에게 한줄기 희망의 빛이 됐다.

하지만 첫 번째 시도가 대단한 성공을 거둔 이후의 연구는 그리 순탄치 않았다. 브레인게이트 프로젝트를 주도했던 미국 브라운대학교의 존 도노휴John Donoghue 박사 연구팀은 네이글 이후에도 4명의

매튜 네이글의 뇌에서 발생하는 전기 신호로부터 마우스 커서를 움직이게 하는 방법은 지문 인식 과정과 매우 비슷하다. 우선 사지마비 환자의 대뇌 운동 영역에 100개 내외의 미소 전극으로 구성된 전극 칩을 부착한다. 이 환자가 손이나 팔의 다양한 움직임을 상상(운동 심상: Motor Imagery라고 한다)을 할 때 발생하는 신경신호의 패턴을 저장해서 컴퓨터 상에 데이터베이스로 만들어 둔다. 이후에 실시간으로 측정되는 신호를 저장된 데이터베이스와 비교해서 환자가 어떤 운동 상상을 하고 있는지를 실시간으로 판단하고 결과를 모니터 화면이나 로봇 팔의 움직임으로 보여준다.

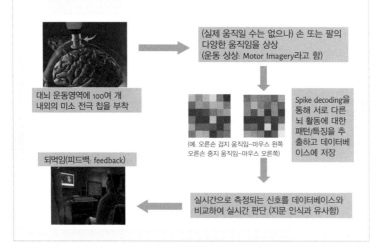

대뇌 운동영역에 100여 개 내외의 미소 전극 칩을 부착

(실제 움직일 수는 없으나) 손 또는 팔의 다양한 움직임을 상상 (운동 상상: Motor Imagery라고 함)

Spike decoding을 통해 서로 다른 뇌 활동에 대한 패턴/특징을 추출하고 데이터베이스에 저장

(예: 오른손 검지 움직임–마우스 왼쪽 오른손 중지 움직임–마우스 오른쪽)

되먹임(피드백: feedback)

실시간으로 측정되는 신호를 데이터베이스와 비교하여 실시간 판단 (지문 인식과 유사함)

사지 마비 환자들에게 같은 장치를 이식했지만, 시간이 지남에 따라 신경에서 발생되는 신호가 약해지거나 환자가 발작을 일으키는 등의 회의적인 결과들이 계속돼 연구진을 당혹스럽게 했다. 일부에서

는 아직 충분히 검증되지도 않은 기술을 사람을 대상으로 적용하는 것에 대해 비판의 목소리를 내기도 했다.

다행스럽게도 2007년에 성공적으로 전극을 이식한 58세 여성 사지마비 환자 케이시 허친슨Cathy Hutchinson의 뇌에 이식된 미세 전극 칩은 5년 넘게 깨끗한 신경 신호를 컴퓨터로 전송하고 있었다. 2012년 햇살이 따사로운 5월 어느 날, 미국 메사추세츠 종합병원의 작은 연구실에서 브라운대학교와 하버드대학교의 공동연구진이 지켜보는 가운데 허친슨 부인은 뇌공학[10] 역사에 길이 남을 새로운 도전에 나섰다. 그녀의 왼쪽 대뇌피질 운동영역에 이식된 '브레인게이트 2' 시스템의 케이블 커넥터는 5년간 연결돼 있던 마우스 커서가 움직이는 검은색 바탕의 LCD 모니터에서 분리되어 5개의 자유도를 가지는 로봇 팔[11]에 연결됐다. 허친슨 부인이 받은 임무는 컴퓨터 마우스를 조작하는 것처럼 로봇 팔을 테이블 위에서 움직인 다음에 물건을 집어 올리고 자신에게 가져오는(말하자면 허친슨 부인에게 잃어버린 팔을 찾아주는) 일이었다. 결과는 놀라울 만큼 완벽한 성공이었다. 허친슨 부인은 갑자기 찾아온 뇌줄기졸중[12]으로 인해 팔의 감각과 움직임을 잃어버린 지 정확히 15년 만에 처음으로 즐겨 마시는 커피 한

---

10 brain engineering, 세계적으로 많이 사용하는 용어는 아니지만 국내에서는 학과 이름에도 사용될 정도로 대중적인 용어가 됐다.

11 5가지의 다른 동작이 가능하다는 의미, 예를 들어 손목을 돌리거나 주먹을 쥐는 것 등이 서로 다른 동작에 해당한다.

12 brainstem stroke, 뇌줄기(뇌간)에 발생한 뇌졸중

잔을 누구의 도움 없이 스스로의 생각만으로 집어서 마시는 데 성공했다. 허친슨 부인이 로봇 팔을 조작해서 빨대가 꽂힌 플라스틱 커피 텀블러를 집어 올리고 다시 테이블에 옮겨 놓는 영상은 곧 전 세계 언론을 통해 주요 기사로 타전됐다. 신경과학자들뿐만 아니라 뇌공학에 관심 있는 일반인들도 이 놀라운 연구에 주목하고 찬사를 보냈음은 당연한 일이다.

하지만 이 연구에 쏟아지는 전 세계 언론의 스포트라이트에 겉으로는 찬사를 보내면서도 속으로는 아쉬움의 눈물을 흘릴 수밖에 없던 사람도 있었다. 그는 바로 존 도노휴 교수와 치열한 경쟁을 펼치고 있던 피츠버그대학교의 앤드류 슈왈츠Andrew Schwartz 교수였다. 슈왈츠 교수 연구팀은 당시 도노휴 교수 연구팀보다 앞서 원숭이의 대뇌에 이식된 미세 전극 칩을 이용해서 로봇 팔을 제어하는 실험에 성공했고, 이후에는 사지마비 환자에게 동일한 기술을 적용해서 이미 논문이 심사 중에 있던 차였다. 슈왈츠 교수 연구팀이 사용한 로봇 팔은 도노휴 교수 연구팀의 로봇 팔보다 2가지의 움직임이 더 가능한, 총 7개의 자유도를 가지는 시스템으로서 실질적으로 더 진보된 기술이었기에 슈왈츠 교수가 느낀 아쉬움은 더욱 컸으리라 짐작된다. 이러한 아쉬움은 당시의 신문 기사에서도 보여지는데, 〈USA 투데이[13]〉의 한 기자가 슈왈츠 교수에게 도노휴 교수 연구팀의 연구

---

13 USA Today, 월스트리트 저널, 뉴욕타임즈와 함께 미국 3대 일간지

성과에 대한 코멘트를 요청하자 슈왈츠 교수는 "장애인들에게 희망이 될 수 있는 일"이라고 인정하면서도 "우리는 미래에 훨씬 더 진보된 것들을 보게 될 것입니다"라는 미묘한 문구로 말을 맺었다. 분초를 다투며 경쟁하고 있는 상대 연구 그룹의 리더에게 인터뷰를 요청한 것이나 '우리'라는 단어를 누구로 해석하느냐에 따라 민감할 수도 있는 답변을 그대로 기사화한 것으로 볼 때, 당시의 신문 기자가 과학 기술 분야에서 '경쟁관계'의 심각함이라던가 두 그룹 사이의 경쟁관계에 대해 잘 모르고 있었을 가능성이 높다.

전화기의 발명가로 잘 알려져 있는 미국의 알렉산더 그레이엄 벨 Alexander Graham Bell이 엘리샤 그레이 Elisha Gray보다 불과 2시간 앞서 특허를 출원해서 전화기의 발명가로 역사에 기록된 것처럼 이제 막 태동하는 뇌공학의 역사에서 중요한 한 획을 긋기 위한 뇌공학자들의 경쟁도 뜨겁게 달아오르고 있다. 토마스 에디슨 Thomas Edison과 니콜라 테슬라 Nikola Tesla 간의 직류와 교류를 둘러싼 논쟁이나 알버트 아인슈타인 Albert Einstein-닐스 보어 Niels Bohr 간의 양자역학을 둘러싼 논쟁에서도 볼 수 있듯이 과학의 발전은 '경쟁' 없이는 불가능하다. 이런 사실을 경험적으로 체득한 미국이나 유럽 등 선진국에서는 중요한 연구 프로젝트의 경우에는 같은 주제를 여러 경쟁 그룹에게 동시에 부여하는 것이 일반화돼 있다. 최근 우리나라에서도 국가적으로 중요한 연구에 대해 경쟁 체제를 도입하려는 시도가 있는데 이는 매우 바람직한 방향이라고 생각한다. 필자는 개인적으로 이런 선의의 경쟁이 뇌공학 기술을 더욱 발전시키는 촉매 역할을 할 것으로 기대한다. 물론 당사자들에게는 말로 표현하기 힘들 만큼 피 말리는 일이지만 말이다. 실제로 필자는 2010년에 단 3개월 차이로 중요한 연구 성과를 경쟁그룹에게 빼앗긴 경험이 있다. 우리 연구팀이 6개월간 심혈을 기울여 완성한 성과였음에도 불구하고 논문 작성이 1년 가량 늦어지는 바람에 선수를 뺏겼고, 우리는 심사 중인 논문을 철회할 수밖에 없었다. 그 일을 겪은 후, 우리 연구팀은 연구 결과가 나오면 1개월 이내에 논문을 제출해야 한다는 내부 규칙을 만들었고, 2011년에는 오히려 경쟁 그룹보다 3개월 먼저 최초의 연구 결과를 발표할 수 있었다.

다시 본론으로 돌아와서, 슈왈츠 교수팀의 연구 결과는 도노휴 교수팀의 연구 결과가 『사이언스』에 발표된지 7개월이 지난 뒤 저명한 의학 전문 학술지인 『란셋』[14]에 발표됐다. 비록 '최초'라는 타이틀은 양보할 수밖에 없었지만 슈왈츠 교수 연구팀이 보여준 성과는 기대 이상이었다. 희귀 퇴행성 뇌질환으로 인해 사지 마비 상태에 있는 얀 소이어만(Jan Scheuermann)이라는 53세 여성 환자의 오른쪽 대뇌 피질 운동영역에 이식된 미세 전극 배열은 컴퓨터를 거친 다음, 거의 인간의 팔과 유사한 움직임이 가능한 7자유도를 가지는 최신 로봇 팔과 연결됐다. 소이어만 부인은 생각만으로 로봇 팔을 자유롭게 움직여

---

14 Lancet, 일반인들에게는 사이언스나 네이처지보다 잘 알려져 있지 않지만 최고의 의학 학술지다.

서 커피잔을 집어 올리고, 하이파이브를 하거나 사각형 모양의 초콜릿을 집어 먹는 것을 시연했는데, 팔의 움직임이 너무나 자연스러웠을 뿐만 아니라 정확도도 높아서 보는 사람으로 하여금 경탄을 자아냈다. 미국 CBS 방송 중계팀의 카메라 앞에서 초콜릿을 집어 먹는 실험을 성공적으로 끝낸 뒤, 소이어만 부인은 1969년 닐 암스트롱 Neil Armstrong이 달 표면에 첫발을 내디디며 한 말로 잘 알려진 "한 사람에게는 작은 한 걸음이지만 인류에게는 위대한 도약"이라는 문구를 빗대어 다음과 같이 말했다.

"한 여자에게는 작은 한 입nibble이지만 뇌-컴퓨터 접속에게는 위대한 한 입bite입니다."[15]

이 짧은 문구가 암스트롱의 말처럼 많은 사람들의 입에 회자될 지는 모르겠지만 훗날 뇌공학의 역사에 한 페이지를 장식하리라는 것에는 의심의 여지가 없다.

도노휴 교수와 슈왈츠 교수의 연구 이후에도 많은 연구팀들이 미세 전극 배열을 뇌에 삽입하는 새로운 뇌-컴퓨터 접속 시스템을 발표했는데 특히 2015년 칼텍Caltech의 리처드 앤더센Richard Andersen 교수 연구팀의 연구가 큰 주목을 받았다. 앤더센 교수팀은 도노휴 교수나 슈왈츠 교수의 연구처럼 생각만으로 로봇 팔을 제어하는 기술을 개발했지만 기존 연구들과 달리 대뇌 운동영역의 신호가 아닌 후두정

---

[15] 아쉽게도 우리말에는 nibble과 bite처럼 살짝 깨어 무는 한입과 크게 베어 무는 한입을 단어 수준에서 나타낼 방법이 마땅치 않다.

엽피질^{Posterior Parietal Cortex} 영역에서 발생하는 신호를 사용했다. 후
두정엽피질은 운동에도 일부 관여하기는 하지만 다른 행위나 생각에
도 관여하기 때문에 여러가지 목적에 동시에 쓰일 수 있는 뇌-컴퓨터
접속 시스템을 만드는 것이 가능하다.

생각과 의도를 읽는 기술은 반대로 뇌에 생각을 집어넣는 데 쓸
수도 있다. 외부에서 전류를 흘려 뇌의 특정부분을 자극하면 된다.
2016년 11월 피츠버그 대학교^{University of Pittsburgh} 리처드 곤트^{Richard}
^{Gaunt} 교수 연구팀은 소이어만 부인이 생각만으로 제어하는 데 성공
한 로봇 팔을 한 단계 업그레이드했다. 곤트 교수는 대뇌의 감각 영
역에 미세 전극 배열을 삽입한 뒤에 뇌에 전기자극을 가해서 로봇 팔
의 감각을 뇌로 전달하는 데 성공했다. 실험에 참가한 네이선 코프
랜드^{Nathan Copeland}라는 이름의 신경계 손상 환자는 교통사고를 당한
뒤에 10년 이상 손의 감각을 전혀 느끼지 못했다. 곤트 교수 연구팀
은 로봇 손의 손가락에 압력센서를 부착한 다음에 각 손가락을 만
질 때마다 코프랜드의 대뇌 감각 영역에 다른 패턴의 전기자극을 가
했다. 며칠에 걸친 훈련 끝에 코프랜드는 눈을 가린 상태에서도 현재
어떤 로봇 손가락이 만져지고 있는지를 알아맞힐 수 있게 됐다. 생각
만으로 로봇 팔을 움직이는 데서 더 나아가 로봇 팔이 느끼는 감각
을 느낄 수도 있게 된 것이다.

뇌공학자들은 이제 '자기수용감각^{proprioception}'이라는 감각을 로봇
팔에 이식하려고 노력하고 있다. 여러분은 눈을 감은 상태에서 팔을

움직여도 자신의 팔과 손이 어디에 위치했는지를 분명하게 느낄 수 있다. 손과 팔에 가해지는 중력에 의해서, 혹은 팔을 움직일 때 관절과 근육과 피부에 전달되는 미세한 감각 정보에 의해서, 우리는 시각적인 정보가 전혀 없어도 자신의 팔다리 위치를 안다. 팔다리를 움직일 수 있어도 감각을 잃어버린 사람은 눈을 감은 상태에서는 어떤 물체도 잡지 못한다. 그런데 로봇 팔은 자기수용감각이 없기 때문에 우리가 로봇 팔을 눈으로 보고 있지 않으면 제어가 불가능하다. 그런가 하면 눈을 감고 있거나 먼 산을 보고 있으면 로봇 팔이 제멋대로 움직여서 옆에 있는 누군가를 때리거나 테이블 위의 커피잔을 쳐서 떨어뜨릴 수도 있다. 자기수용감각은 곤트 교수 연구팀이 구현한 감각보다 훨씬 복잡한 감각이기 때문에 아직도 브레인게이트를 비롯한 여러 연구팀에서 이 감각을 구현하기 위해 열심히 노력하고 있다.

그런가 하면 앞에서 소개한 연구들보다 상대적으로 덜 알려져 있기는 하지만 우리가 보는 영상을 뇌로부터 읽어내서 모니터 위에 보여주려는 연구도 진행되고 있다. 그 가능성을 가장 먼저 보여준 사람은 미국 캘리포니아 주립대 버클리 캠퍼스UC Berkeley의 신경생물학과 교수인 양 댄Yang Dan이다. 중국계 미국인이자 여성 과학자인 댄 교수는 1994년 뉴욕에 있는 콜럼비아 대학교Columbia University 생물학과를 졸업하고 1997년 UC 버클리에서 조교수로 임용될 때까지 록펠러 대학교Rockefeller University와 하버드 의과대학에서 연구원으로 근무했다. 댄 교수는 그 곳에서 인간을 포함한 포유류의 뇌가 어떻게 시각 정보를 받아들이고 처리하는지에 대해 연구했다. 그녀가 특히 주목했던 뇌 부위는 측면슬상핵주16 - lateral geniculate nucleus: LGN이라는, 포유류의 뇌 중앙에 위치한 시각 중추였는데, 측면슬상핵은 망막의 시신경이 뇌로 보내는 전기 신호가 가장 먼저 도착하는 뇌 부위로 알려져 있다. 신경 신호가 측면슬상핵에 전달되는 원리를 연구하던 댄 교수는 측면슬상핵의 신경세포 하나하나가 망막에 맺히는 이미지의 서로 다른 공간적인 위치에 대응된다는 사실에 주목했다. 다시 말해, 눈앞에 펼쳐진 장면이 작은 화소픽셀, pixel들로 구성돼 있다면 이 작은 화소 하나하나가 측면슬상핵에 있는 신경세포 하나하나에 일대일 대응이 된다는 것이다. 댄 교수는 시각위상visuotopy 또는 망막위상retinotopy이라고 불리는 이 특성을 이용하면 측면슬상핵에서 측정한 신경세포의 활동 신호로부터 사람 혹은 동물이 현재 보고 있는 장면을 영상으로 복원할 수 있을지도 모른다는 생각을 하기에 이르렀다. 1997년, UC 버클리에서 자신의 연구실을 갖게 된 댄 교수는 같은 대학교 기계공학과에서 박사학위를 갓 취득한 개럿 스탠리Garrett B. Stanley를 박사후연구원으로 채용해서 함께 자신의 아이디어를 구현하기 시작했다(개럿은 현재 조지아 공과대학교 교수로 있다).

댄 교수는 고양이의 측면슬상핵에 177개의 바늘모양 전극을 꽂아넣어서 서로 다른 177개의 신경세포가 만들어 내는 신경 전류를 측정했다. 댄 교수가 처음 진행한 연구는 177개의 신경세포가 고양이 망막에 맺힌 이미지 위에서 어떤 위치에 대응되는지를 알아내는 것

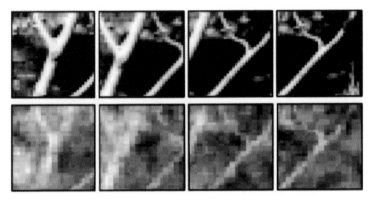

양 댄 교수의 실험 결과 그림. 위의 그림은 실제로 고양이의 눈에 보여진 그림이고 아래의 희미한 그림은 고양이의 측면슬상핵에서 읽은 신경신호로 재구성한 그림이다(출처: Journal of Neuroscience, Stanley, GB; Li, FF; Dan, Y (1999). "Reconstruction of natural scenes from ensemble responses in the lateral geniculate nucleus". Journal of Neuroscience 19 (18): 8036-42.).

뒤에 어떤 신경세포가 반응하는지 관찰했다. 이런 과정을 통해 177개의 신경세포 각각이 눈앞에 보이는 이미지의 어떤 위치에 대응되는지를 알 수 있었다. 이 과정이 마무리되자 그녀는 고양이 눈앞에 여러 개의 흑백 동영상을 보여주고 고양이의 측면슬상핵[16]에서 측정된 신경신호를 이용해서 영상을 복원했다. 결과는 실로 놀라웠다. 아주 뚜렷하지는 않았지만 고양이에게 보여준 영상과 비슷한 윤곽의 영상이 만들어졌던 것이다. 댄 교수의 연구 결과는 많은 신경과학자들을 충격에 빠뜨리기에 충분했다. 그녀의 연구 결과는 인간의 시각 중추에 조밀하게 전극을 부착하고 신경세포의 활동을 기록하면 꿈을 기

---

[16] Lateral geniculate nucleus: LGN. 망막에 맺힌 시각 정보가 가장 먼저 도달하는 뇌심부의 기관

록하는 것도 불가능하지 않다는 사실을 뜻하는 것이었기 때문이다. 물론 꿈을 저장하기 위해서 자신의 두개골을 열고 시각중추에 전극을 삽입하는 위험한 수술에 도전할 사람은 없을 것이기는 하지만 말이다. 꿈을 저장할 수 있다고 해도 실제로는 별 쓸모가 없을 가능성이 높기 때문이다.

영화 매트릭스에서 사람들은 가상현실에 접속할 때 머리 뒷부분에 기다랗게 생긴 금속 막대를 꽂는다. 필자는 이 막대가 실재한다면 이것의 정체는 바로 미세바늘[17] 다발이 아닐까 생각한다. 뇌의 모든 부분에 미세바늘을 꽂고 측정된 신경 신호를 금속 막대를 통해 컴퓨터로 전달하면, 이론적으로는 뇌에서 일어나는 모든 활동을 읽어낼 수 있다. 반대로 각 바늘에 전류를 흘려 실제와 같은 감각을 느끼게 하는 것도 이론적으로 불가능한 일은 아니다. 하지만 살아 있는 사람에게 미세바늘을 이식하는 것은 너무나 위험한 수술이다. 게다가 뇌 표면은 주름이 많이 잡혀 있어 각 신경세포마다 바늘을 꽂는 것은 현재 기술로는 불가능하다. 이 문제를 해결하기 위한 연구는 뒤에서 다시 살펴보기로 한다.

미래의 드림레코더는 어떤 모습일까?

2009년 나란히 개봉된 SF 대작 〈써로게이트〉나 〈아바타〉에는 주

---

[17] 바늘 형태의 미세 전극을 이렇게 표현했다.

인공들이 뇌에 기구를 삽입하지 않고서도 자신의 아바타를 조종하는 장면이 등장한다. 현실에서도 바늘 전극을 이식하지 않고 직접 사람의 생각이나 시각 정보를 얻으려는 시도가 있다. 한 가지 방법은 뇌의 활동을 영상화하는 기술인 기능적 자기공명영상fMRI[18]을 이용하는 것이다. 바늘을 이용하는 방법보다 영상의 해상도는 떨어지지만 분명 머리 외부에서도 뇌 활동을 측정할 수 있다.

2008년 일본 교토의 국제전기통신기초기술연구소ATR 계산신경과학 연구팀은 다양한 흑백 사진 400장을 사람들에게 보여준 다음 fMRI로 대뇌 시각피질의 활성 패턴을 측정하여 데이터베이스화하고 이를 이용했더니 이 사람이 현재 보고 있는 문자나 도형이 어떤 것인지 읽어낼 수 있었다. 2011년에는 사진뿐 아니라 동영상을 읽어내는 데도 성공했다. UC버클리의 잭 갈란트Jack Gallant 교수팀은 사람이 영화를 볼 때 뇌의 변화를 fMRI로 포착해 무슨 장면을 봤는지 실시간 동영상으로 재현했다. 흐릿하기는 하지만 전체적인 윤곽은 75% 정도 일치했다.

2013년 4월 ATR 연구팀은 실제로 fMRI를 이용해서 꿈을 읽는 역사적인 실험을 시도했다. 실험 참가자들에게 잠에 들기 전 여러 가지 사진들을 보게 한 다음에 그들이 꿈을 꾸고 있는 시점에 깨워 어떤 꿈을 꾸었는지 물어보았다. 그런 다음, 꿈을 꾸고 있을 때 측정된

---

18 functional Magnetic Resonance Imaging, MRI 기계를 이용해서 뇌의 활동 부위를 영상으로 나타내는 기술

잭 갈란트 교수 연구팀이 사용한 동영상(왼쪽)과 fMRI를 이용해서 재구성한 영상(오른쪽) (출처: Current Biology, Nishimoto et al., Reconstructing visual experiences from brain activity evoked by natural movies, Curr Biol. Oct 11, 2011; 21(19): 1641-1646.)

fMRI 데이터를 분석해서 어떤 영상을 만들어 내고 실제로 그들이 꾼 꿈과 일치하는지를 확인했다. 아주 정확하지는 않았지만 실험 참가자들이 꿈에 대해 말하는 시점에서는 실제로 꾼 꿈의 내용과 유사한 사진이 만들어졌다. 실험 참가자들이 실제로 그 사진과 같은 꿈을 꾸었는지는 확인할 방법이 없지만 우리의 꿈을 밖에서 읽을 수 있을지도 모른다는 가설이 일부 확인됐다는 점에서 정말이지 획기적인 성과가 아닐 수 없다. 지금도 ATR이나 UC버클리 연구팀은 사람의 꿈을 읽어내기 위한 새로운 실험에 여념이 없다.

fMRI를 이용한 '꿈' 연구가 특히 어려운 이유는 실험 참가자가 좁은 MRI 기계 안에서 잠이 들고 깨어나기를 수없이 반복해야 하기 때문이다. 필자는 이런 수면 실험의 어려움을 아주 잘 알고 있는데,

실제로 필자가 박사 과정에 재학 중일 때 파견 연구를 했던 일본 고베시의 국가정보통신기술연구소[NICT] 연구실에서 수면 fMRI 연구의 피실험자로 참여해 본 경험이 있기 때문이다. 필자는 보통 잠을 규칙적으로 잘 자는 편인데, 실험 시간이 아침 일찍 잡혀 있어서 전날 뜬 눈으로 밤을 샜다. 몸도 피곤하고 금방이라도 잠이 들 것처럼 졸음이 쏟아졌지만 좁은 MRI 기계 안에서 잠이 드는 것은 결코 쉽지 않았다. 기계 안은 비좁고 바닥은 딱딱한데다 기계가 돌아가는 소리는 크고 머리에 붙인 뇌파 전극은 머리를 압박했다. 무엇보다도 유리벽 밖의 통제실에서 이른 아침부터 필자가 잠들기만을 기다리던 3명의 동료 연구자들이 필자의 뇌파 신호를 지켜보고 있었기 때문에 '빨리 잠들어야 한다'는 압박감에 잠을 쉽게 이룰 수 없었다. 결국 눈만 감고 1시간 반을 버틴 끝에 도저히 잠을 못 이루겠다며 포기를 선언했다. 이런 필자에게는 상상할 수도 없는 일이지만 놀랍게도 ATR 연구팀의 연구 논문에 따르면 한 명의 피실험자가 MRI 기계 안에서 하루에 수십 번 자다 깨다를 반복했다고 하는데 사실 이런 피실험자를 구한다는 것은 하늘의 별따기보다 어려운 일이다.

사람의 뇌를 대상으로 연구하는 뇌공학 실험에서는 실험 참가자를 구하는 일이 매우 중요하다. 대학이나 연구소에서는 소액의 실험 참가비[19]를 실험 참가자들에게 지급하는데, 주로 학생들이 수업이 없

---

19 실험에 따라 다양한데 어려운 실험의 경우에는 시간당 3~5만원, 비교적 쉬운 실험의 경우에는 시간 당 1만원~1만5천원 등이 일반적이다.

는 공강 시간을 활용해서 용돈을 벌기 위해 지원하는 경우가 많다. 그래도 필자가 일하고 있는 바이오메디컬공학과의 경우에는 학생들이 우리 연구팀이 하는 실험에 관심이 많기 때문에 지원자가 많은 편이지만 다른 학과나 특히 외국 대학의 경우에는 수업에서 강제적으로 동원하지 않으면 실험 참가자를 구하기가 쉽지 않다. 그러나 어려움은 실험 참가자를 구하는 것에서 끝나지 않는다. 진짜 어려운 일은 '좋은' 실험 참가자를 구하는 것이다. 필자는 박사후과정으로 일하던 미국 미네소타주립대에서 학생들을 대상으로 시각적인 자극의 위치에 따른 뇌 반응을 관찰하는 실험을 했다. 미네소타주립대학교에서는 여러 실험실에서 수행하는 실험에서 실험 참가자를 쉽게 구할 수 있도록 실험에 참가하는 학생들에게 크레딧[20]을 부여하는 제도를 운영했다. 필자는 그렇게 모인 참가자 40명을 대상으로 뇌파를 측정하는 실험을 했는데, 무려 33명의 데이터를 버릴 수밖에 없었다. 왜냐하면 필자가 디자인했던 실험에서는 실험 참가자에게 모니터의 오른쪽이나 왼쪽에 무작위로 원형의 시각 자극[21]이 나타날 때, 시각 자극을 절대 쳐다보지 않고 가운데 십자가 모양의 점을 쳐다보고 있어야 한다는 꽤 난이도가 높은 과제가 주어졌기 때문이다. 40명 중에서 33명은 가운데 점을 쳐다보라는 지시를 어기고 시각 자극 방향으로 눈동자를 돌렸던 것이다. 재미있게도 7명의 피실험자는 모

---

[20] credit, 일종의 봉사 점수로 크레딧을 모으면 학점을 받을 수 있다.
[21] 뇌파나 fMRI 실험에서는 화면에 나타나는 사진이나 동영상을 '시각 자극'이라고 한다.

두 필자가 속해 있던 연구실의 동료 연구자들이었다. 나머지 33명은 가만히 앉아 시간이 지나기만을 기다리며 크레딧과 실험 참가비를 받아갔다. 이 일이 있은 후, 필자는 뇌파 실험을 할 때, 추가 보상금을 받을 수 있는 다양한 '당근'을 제공하고 있다. 예를 들면 몇 % 이상을 맞추면 보상금의 1.5배를 준다거나 점수에 따라 비례해서 보상금을 지급하는 식으로 말이다. 사람을 대상으로 하는 실험에서 실험 참가자의 중요성은 뇌-컴퓨터 접속 분야에서도 자주 보고되고 있는데, 심지어 실험 참가에 대한 동기 motivation 정도와 실험 결과의 상관성을 보고한 학술지 논문도 있을 정도다. 결과는 누구나 예상하듯이 실험 참가에 대한 동기 부여가 높을수록 뇌-컴퓨터 접속 시스템의 성능이 높아진다는 것이었다.

일부 회의론자들은 ATR이나 UC버클리의 연구 결과를 놓고 단지 연구팀의 기술을 과시하기 위한 비실용적인 연구라고 비판하기도 한다. 하지만 화성이나 태양계 밖으로 우주선을 날려 보내기 위해 천문학적인 금액을 투자하는 것도 경제적인 측면에서 본다면 그다지 현명한 투자는 아닐지 모른다. 과학의 역사를 돌이켜 보면 당시에는 연구의 원래 목적을 달성하지 못했더라도 연구하는 과정에서 파생되는 여러 가지 기술들이 인류의 과학 발전에 크게 공헌한 경우가 많았다. 지금 당장은 어려울지 모르지만, 앞으로 현재보다 더욱 뛰어난 해상도를 가진 뇌 영상기기가 개발된다면 가까운 미래에 우리의 꿈을 저장하고 꺼내 보는 것이 가능할 지도 모른다. ATR이나 UC버클리의 연구는 이 때를 위한 준비 과정이라고 생각할 수 있다. 또한 이런 연구를 통해 파생되는 새로운 기술들은 거짓말 탐지, 뉴로 마케팅[neuro marketing], 정신질환 진단과 같은 다양한 분야에서도 이용될 수 있다.

2013년 4월 2일, 미국의 버락 오바마 대통령은 BRAIN Initiative라는 연구 프로젝트에 10년간 매년 3,000억 원이라는 막대한 예산을 투입하겠다고 발표했다. 과거 냉전 시절 소련과의 경쟁에서 시작된 달 탐사 프로젝트에 비견될 만큼의 엄청난 투자다. 여기서 BRAIN이란 '뇌'를 의미하는 것이 아니라 Brain Research through Advancing Innovative Neurotechnologies(혁신적인 신경기술 개발을 통한 뇌 연구)의 약자로서 새로운 신경공학 기술을 개발해서 뇌 연구의 새로운 지평을 열겠다는 뜻이다. 우리 돈 4조 원에 달하는 엄청난 금액을 뇌공학 분야 연구에 투자하려는 이유는 무엇일까? 앞서 이야기한 것처럼 이 연구를 통해 어떤 특정한 목적 달성을 기대하기보다는 연구 과정에서 파생되는 다양한 부산물들이 뇌과학 발전에 기여하리라는 기대에서 시작된 프로젝트다. 다행스럽게도 오바마 대통령의 통큰 투자 덕분에 우리 나라에서도 뇌과학, 뇌공학 분야에 더 많은 투자가 이루어지고 있다. 자라나는 우리 미래 과학도들이 뇌과학 분야에서 세계적인 연구 성과를 낼 수 있는 환경과 토양이 만들어지고 있다.

생각을 읽는 기계

뇌-컴퓨터 접속

Engineering for Brain, Brain for Engineering

"누나, 엄마가 분명히 내 손을 잡았다니까."

"그저 단순반사 만으로 그런 일도 있다잖아."

"지금 봐, 눈물도 흘리잖아!"

"내가 언제까지 같은 말을 해야겠니. 호흡기를 떼는 게 엄마의 고통을 덜어 드리는 길이야. 이제 좀 그만 편하게 보내 드리자."

2009년 5월 21일, 대법원에서 존엄사가 인정된 이후 의사와 보호자 사이 또는 보호자들 사이에 이런 상황이 종종 벌어진다. 우리나라의 첫 존엄사 사례였던 김할머니는 의학적 사망선고를 받아 호흡기를 떼고 난 이후에도 201일이나 자발적 호흡을 하였고, 아직도 존엄사에 대한 논란의 불씨는 남아 있다. 존엄사 논란은 1975년으로 거슬러 올라간다. 미국 뉴저지의 스물한 살 카렌 앤이라는 여성이 식

물인간 판정을 받았다. 그녀의 부모는 회복 가능성이 없는데 생명을
연장하는 것은 인간의 존엄성을 해치는 것이라며 호흡기를 뗄 것을
주장했다. 하지만 앤의 주치의는 부모의 의견에 반대했다. 오랜 법
정 공방 끝에 법원은 부모의 손을 들어줬다. 그런데 놀랍게도 카렌
은 호흡기를 떼고도 자발적 호흡을 하며 9년간이나 생명을 유지했다.

식물인간에게도 과연 의식이라는 것이 있을까. 만약 의식이 남아
있다면 그들에게 직접 자신의 죽음에 대한 결정을 물어볼 수 있을
텐데 말이다. 뇌공학자들은 이 문제에 현실적인 대안을 제시하기 시
작했다.

누구를 위한 기술인가?

2009년 벨기에의 롬 하우벤은 식물인간 상태에서 깨어났다. 그는 자신이 누워 지내던 23년간 듣고, 느끼고, 생각할 수 있었다고 말했다. 우리가 식물과 유사한 상태라고 해서 흔히 식물인간이라고 부르는 사람들 중에는 하우벤처럼 의식이 있지만 자신의 의사를 외부로 알릴 수 없는 경우도 더러 있다. 2010년 영국에서 기능적 자기공명영상fMRI을 이용해 식물인간 23명의 의식 상태를 살펴봤는데 이들 중 4명은 정상인이 특정 장면(테니스 코트에서 공을 치는 장면과 거리를 걸어가는 장면)을 상상할 때와 똑같은 뇌 반응이 나타났다. 이렇게 듣고, 생각할 수 있지만 자신의 의사를 전달하지 못하는 상태를 '감금 증후군locked-in syndrome'이라고 한다.

감금 증후군은 말 그대로 영혼이 육체에 감금돼 있는 상태다. 뇌는 정상적으로 활동하고 있지만 팔 다리를 움직일 수 없는 것은 물론 눈동자나 눈꺼풀을 움직일 수 없기 때문에 볼 수 없고, 혀와 턱을 움직일 수 없어 음식을 먹거나 말할 수도 없다. 루게릭병[22]도 유사하다. 온몸의 감각은 살아 있지만 근육을 움직이지 못해 외부와 의사소통이 불가능하다. 하지만 청각이나 후각은 근육의 움직임이 필요하지 않아 마지막까지 기능이 살아 있다. 이렇게 일부 감각만 가

---

22 미국의 유명야구선수 루게릭이 걸린 병이라고 해서 루게릭병이라고 불리나 공식 명칭은 근위축성측색경화증(Amyotrophic lateral sclerosis, ALS)이다. 온 몸의 근육이 시간이 지남에 따라 굳어지는 일종의 퇴행성 뇌질환이다.

진 환자들이 남은 감각을 이용해 외부와 의사소통을 하는 데 fMRI
를 이용할 수 있다.

뇌-컴퓨터 접속, 어디까지 왔나?

하지만 fMRI는 이동이 불가능하고 가격이 비싸기 때문에 개인의
의사소통 방법으로 활용하기에는 한계가 있다. 뇌공학자들은 fMRI
를 대체하기 위한 방법을 찾기 시작했다. 그 결과 2011년에는 뇌파를
측정해 식물인간과 의사소통을 할 수 있다는 연구결과가 발표됐다.
영국과 벨기에 연구팀이 식물인간 16명에게 손과 발의 움직임을 상상
하라고 하자 그들 중 3명에게서 정상인과 비슷한 형태의 뇌파 반응
이 나타났다. 이와 같이 뇌의 반응을 이용해 외부와 의사소통을 할
수 있게 돕는 기술이 '뇌-컴퓨터 접속BCI: Brain-Computer Interface'이다.

'뇌-컴퓨터 접속'과 '뇌-기계 접속BMI: Brain-Machine Interface'은 최근에
는 동일한 의미로 사용되고 있지만, 사실 이 두 용어가 같은 뜻으로
사용된 지는 그리 오래되지 않았다. 처음 뇌-컴퓨터 접속이라는 개념
을 제안한 사람은 미국 UCLA 교수였던 자퀴스 비달Jacques Vidal 교수
다. 1973년 비달 교수는 뇌파를 이용해서 뇌의 활동을 읽어 내면 사
지가 마비된 환자들이나 유사 식물인간 환자들과 의사 소통을 할 수
있을 것이라는 아이디어를 냈고, 이런 개념을 뇌-컴퓨터 접속BCI이라
고 명명했다. 물론 당시의 조악한 컴퓨터 기술로는 실시간으로 뇌파

를 분석한다는 것은 상상 속에서나 가능한 일이었다. 비달 교수는 4년 뒤인 1977년 개인용 컴퓨터^{PC}가 등장하자 드디어 실시간으로 뇌파를 분석하는 방법에 대한 논문을 발표하여 본격적인 뇌-컴퓨터 접속 기술의 서막을 알렸다.

이처럼 뇌와 컴퓨터를 연결해서 외부의 기기를 움직이거나 의사를 전달하는 기술은 뇌파를 사용하는 데서 출발했다. 하지만 이 기술은 곧 커다란 비판에 직면하게 된다. 앞서 간단히 소개한 것처럼, 뇌파는 인체에 대해 비침습적非侵襲, non invasive이고 간편하게 측정할 수 있기는 하지만 뇌의 여러 부위에서 발생한 신호들이 복잡하게 혼합돼 있고 두개골 때문에 왜곡이나 감쇄가 발생한다. "이런 정밀하지 않은 신호를 이용해서 외부 기계를 제어하다가 사고라도 발생하면 어떻게 하느냐?", "뇌파를 통해서 읽어낸 의도를 우리가 과연 믿을 수 있느냐?"라는 비판이 쏟아졌는데 그 비판의 중심에는 동물의 뇌에 전극을 꽂아서 직접 신경 신호를 측정하던 듀크대학 미겔 니코렐리스 Miguel Nicolelis 교수를 비롯한 신경생리학자 집단이 있었다. 그들은 대뇌 피질에 바늘 전극을 찔러 넣어 신경세포가 만들어내는 신호를 직접 해독하는 방식만이 진정한 의미의 뇌-컴퓨터 접속을 구현할 수 있다고 믿었다. 그래서 그들은 침습적인 방식으로 뇌 신호를 해독하고 외부 기계를 제어하는 방식을 ('뇌-컴퓨터 접속'에서 조금 이름을 바꾸어) '뇌-기계 접속'이라고 부르기로 한다. 이 때부터 두 연구 집단 사이의 반목은 날이 갈수록 깊어졌다.

1990년대 후반까지도 뇌-컴퓨터 접속 학회에서는 뇌파를 이용하는 방식의 논문들만 발표됐고 뇌-기계 접속 학회에서는 뇌파를 이용하는 방식의 논문을 발표하는 것을 아예 차단해 버리는 극한 대립이 계속됐다. 양측간의 대립이 다소 완화되기 시작한 것은 2000년대 초반 들어 뇌-컴퓨터 접속 진영에서 실용적인 연구 성과들을 발표하기 시작하면서부터다. 특히 2000년, 독일 튀빙겐대학의 닐스 비어바우머^{Nils Birbaumer} 교수 연구팀이 사지마비 환자를 대상으로 컴퓨터 마우스를 생각만으로 조작하는 데 성공하면서 뇌-기계 접속 진영의 연구자들이 뇌-컴퓨터 접속의 가능성을 어느 정도 인정하기 시작했다. 또한 2004년에 미국 브라운대학교에서 사람에게 이식한 미세전극 배열로부터 얻어진 신경신호를 해독해 마우스 조작을 성공하면서 뇌-컴퓨터 접속 진영의 연구자들도 뇌-기계 접속 연구가 더 이상 영화 〈매트릭스〉에서만 가능한 기술이 아니라는 것을 깨닫게 됐다. 2000년대 중반에 들어와 뇌-컴퓨터 접속 진영의 주요 학술대회인 '국제 BCI 미팅'에서 드디어 침습적인 방식의 뇌-기계 접속 논문을 수용하기 시작하면서 양측 간의 대립은 표면적으로는 종식된 것처럼 보인다.

따지고 보면, 최근에는 내부에 컴퓨터가 들어가 있지 않은 기계를 찾는 것이 더 어렵다. 휴대폰, 공작 기계는 물론이고 세탁기나 냉장고도 컴퓨터로 작동되는 시대에 '컴퓨터'냐 '기계'냐의 한 단어를 두고 논쟁을 벌이는 것 자체가 우습고 무의미해 보일지도 모르겠다. 두 진영의 싸움은 일단락된 것처럼 보이지만, 필자가 느끼기엔 아직도 양 진영의 오랜 싸움의 상처가 완전히 아물기까지는 좀 더 많은 시간이 필요해 보인다. 일례로 뇌-기계 접속 진영의 대표 학자인 미겔 니코렐리스 교수(듀크대학교 교수)는 그의 저서 『뇌의 미래beyond boundaries』에서 여전히 '뇌-기계 접속'과 '뇌-컴퓨터 접속'을 구분지어 이야기하고 있다. 위의 배경을 이해하고 니코렐리스 교수의 책을 읽는다면 그의 책 여러 곳에서 '뇌-컴퓨터 접속'에 대한 가벼운 비판의 목소리들도 눈치챌 수 있을 것이다. 필자의 경우에도 뇌파를 이용한 뇌-컴퓨터 접속을 연구하다 보니 뇌-기계 접속이라는 용어를 사용하는 데 주저하는 경향이 있다. 필자가 이 책에서 '뇌-컴퓨터 접속'이라는 용어를 계속 사용하는 데 대해서는 (역사적인 배경을 감안하여) 독자 여러분들의 너그러운 양해를 부탁한다.

2014년 6월, 독일과 아르헨티나의 결승전에서 독일이 1 대 0으로 승리하면서 대망의 막을 내렸던 브라질 월드컵에서는 뇌-컴퓨터 접속의 역사에 있어 매우 의미 있는 이벤트가 있었다. 비록 예상보다 언론의 스포트라이트를 받지는 못했지만 브라질 월드컵의 시축자는 유명한 축구 레전드 선수나 유력 정치인이 아닌 줄리아노 핀토Juliano Pinto라는 이름의 하반신 마비 환자였다. 이 29세의 브라질 청년은 외골격 로봇[23]을 착용하고 머리에 착용한 헬멧에서 측정한 뇌파 신호

---

[23] exoskelecton robot, 몸에 착용하는 로봇으로 근력 증강을 위해 주로 사용된다.

2014년 브라질 월드컵 시축 모습

를 이용해서 오른발로 월드컵 공인구를 차는 데 성공했다. 이 행사를 주도한 사람은 축구광으로도 유명한 브라질 출신 뇌공학자인 미겔 니코렐리스 교수다. 일명 '다시 걷기 프로젝트[24]'라고도 불리는 이 프로젝트의 책임자인 니코렐리스 교수는 앞서 언급한 대로 '뇌-기계 접속' 진영의 대표 주자다. 그런 니코렐리스 교수가 '뇌-컴퓨터 접속'의 수단인 뇌파를 이용했다는 사실은 그가 드디어 뇌파를 이용한 뇌-컴퓨터 접속의 가능성을 인정했다는 것을 뜻한다. 비록 메인 중계 카메라가 시축 순간에 갑자기 엉뚱한 곳을 비추는 바람에 중계가 되지 않는 헤프닝이 벌어지기도 했지만, 이 이벤트를 통해 많은 척추 손상

---

24 Walk Again Project, 브라질 정부가 2013년 1월부터 1,500만 달러를 투자하여 전 세계 25개국 150여 명의 연구진이 참가한 대규모 프로젝트

장애인들이 새로운 희망을 가지게 되었을 것이다.

식물인간과 유사한 상태에 있는 환자들과의 의사소통을 위한 대부분의 뇌-컴퓨터 접속 기술은 사람의 '선택적 주의집중'이라는 능력을 이용한다. 누구나 시끄러운 버스 안에서 특정한 소리만을 집중해서 들어 본 경험이 있을 것이다. 몸의 여러 곳이 동시에 가려울 때, 한 곳만 집중하면 다른 곳의 가려움은 잘 느껴지지 않는 것도 선택적 주의집중의 좋은 예다. 2005년 독일 괴팅겐대의 제레미 힐[Jeremy Hill] 박사는 오른쪽 귀와 왼쪽 귀에 서로 다른 높낮이를 가진 소리를 반복적으로 들려주고 특정 높이의 소리에 집중할 때 발생하는 P300이라는 뇌파를 검출해 실험 대상이 현재 어느 소리에 집중하고 있는지 알아냈다.

P300이라는 뇌파는 (이 책에서도 여러 번 등장하겠지만) 모든 종류의 뇌파들 중에서도 가장 유용하게 사용되는 뇌파다. P300의 P는 양의 값을 의미하는 positive에서 따 온 것이고 300은 300밀리초(1,000분의 1초)를 뜻한다. 즉, 300밀리초 이후에 나타나는 양의 값을 가지는 뇌파라는 뜻이다. P300은 비슷한 자극이 계속 주어지다가 가끔씩 동떨어진 자극이 주어질 때나(오드볼 패러다임이라고 함) 기다리고 있던 자극이 주어질 때에만 발생한다(자세한 내용은 TIP 참고).

P300이라는 특이한 뇌파 신호는 아주 많은 분야에 이용되는데, 예를 들면 뇌과학자들은 전두엽 영역 부근에서 나타나는 P300의 반응을 분석하면 개개인의 인지 능력을 알아낼 수 있다는 사실도 밝혀

P300은 사상관련전위event related potential: ERP라고 불리는 뇌파의 일종인데, 사상관련전위란 특정한 사건 또는 자극에 대한 반응으로 나타나는 뇌파라는 의미를 내포하고 있다. 일부 학자들은 일반인들의 이해를 돕기 위해 P300을 '아–하A-Ha 전위'라고 부르기도 한다. '아–하'라는 말을 일상생활에서 언제 사용하는지를 돌이켜 보자. 우리가 어떤 새로운 사실을 알게 되었을 때, 깜짝 놀랄 만한 일을 접하게 될 때, 우리가 기대하고 있었던 무언가가 주어졌을 때, 우리는 '아–하'라는 말을 쓴다. 물론 이 중에서 뒤의 두 가지는 우리나라 사람들에게는 그다지 익숙하지 않은 예시일지도 모르겠다. 우리는 보통 그런 상황에서 '이크'나 '우와'와 같은 감탄사를 사용하니까 말이다. '아–하' 전위는 두 가지 상황에서 주로 발생하는데, 우선 계속 반복되는 동일하거나 유사한 자극들 사이에 다른 (낯선) 자극이 가끔 주어질 때, 낯선 자극에 대한 뇌의 반응을 살펴보면 300밀리초 부근에서 양의 값을 가지는 뇌파 반응이 나타나는 것을 관찰할 수 있다. 또 다른 상황은 우리가 어떤 자극이 나타나기를 기다릴 때, 실제로 그 자극이 나타나면 유사한 뇌 반응이 나타난다. 우리의 뇌가 자극에 대해서 '아–하' 하는 반응을 하는 것이다. 예를 들어 화면에 빨간색으로 채워진 동그라미가 잠시 나타났다가 사라지는 것을 반복하다가 중간 중간에 가끔씩 노란색 동그라미가 등장하는 상황을 생각해 보자. 계속해서 뇌파를 측정하다가 노란색 동그라미가 나타났을 때의 뇌파만을 모아서 분석해 보면 300밀리초 부근에서 P300 반응을 관찰할 수 있다.

이러한 실험 방법을 보통 오드볼[25] 패러다임이라고 부르는데, 실험 상황을 다시 떠올려 보면 왜 이 실험을 오드볼 패러다임이라고 부르는지를 쉽게

---

25 oddball, 별난, 괴상한의 사전적 의미를 지닌다.

짐작할 수 있다. 걸리버 여행기에서 난장이 섬에 표류한 걸리버를 보고 난장이들은 자신과 다른 별난(오드볼) 생명체라고 생각했을 것이다. 뇌과학자들은 지난 수십 년간 오드볼 패러다임을 연구하면서, 자주 등장하는 자극과 가끔 등장하는 자극 사이의 비율을 4:1 또는 5:1로 정하는 것이 가장 효과적이고, 자극의 순서를 뒤섞어야 더 큰 P300 반응을 관찰할 수 있다는 등의 사실도 알아냈다. 한 번의 측정만으로 P300 반응을 찾아낼 수 있다면 좋겠지만 실제로 뇌파에는 다양한 뇌 부위에서 발생하는 전기적인 반응들이 혼합돼 있기 때문에, 적게는 5번에서 많게는 수십 번까지 같은 측정을 반복한 다음에 신호들을 평균해서 P300을 관찰하는 것이 보통이다.

냈다. 뇌의 인지능력이 떨어진 사람들은 정상인들에 비해서 P300의 크기가 줄어들 뿐만 아니라 P300이 나타나는 반응 시간도 느려진다. 우리 연구팀과 공동 연구를 하고 있는 서울대학교 신경과 정기영 교수 연구팀에서는 다리에 근질거리는 이상 감각이나 초조함을 느끼고 다리를 움직이고 싶은 충동을 느끼는 신경 질환인 하지불안증후군restless leg syndrome: RLS 환자들을 대상으로 정상인들과 P300 반응을 비교했는데, 그 결과가 매우 흥미롭다. 하지불안증후군 환자들은 정상인에 비해 P300의 크기가 줄어들었을 뿐만 아니라 반응 시간도 상대적으로 많이 느려져 있었다. 하지불안증후군은 보통 뇌의 도파민이라는 신경전달물질이 부족해서 나타난다고 알려져 있는데, 도파민의 분비가 감소하면 인지기능에도 문제가 발생하는 것이다. 하지불안증후군의 유병률은 상당히 높아서 전체 국민의 10%에 이른다는

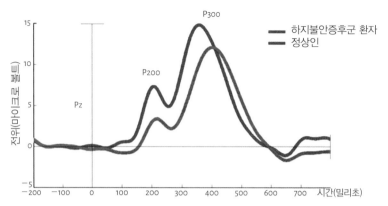

정상인과 하지불안증후군(RLS) 환자의 P300 차이 (출처: Sleep Medicine, Ki-Young Jung, Yong-Seo Koo, Byung-Jo Kim, Deokwon Ko, Gwan-Taek Lee, Kyung Hwan Kim, and Chang-Hwan Im, "Electro-physiological disturbances during daytime in patients with restless legs syndrome: Further evidences of cognitive dysfunction?" Sleep Medicine, vol. 12, pp. 416-421, 2011.)

보고도 있으니 특히 머리를 많이 써야 하는 수험생들은 비슷한 증상이 있다면 반드시 가까운 신경과를 찾아야 한다.

다시 본론으로 돌아와서, 괴팅겐대학의 제레미 힐 박사는 오드볼 패러다임을 약간 변형한 뇌-컴퓨터 접속 방식을 만들었다. 힐 박사의 아이디어는 간단하다. 왼쪽 귀와 오른쪽 귀에 서로 다른 오드볼 패러다임을 적용하는데 오른쪽 청각 자극과 왼쪽 청각 자극에서 오드볼 자극이 등장하는 시점을 다르게 정한다. 만약 헤드셋을 착용하고 있는 사람이 오른쪽 오드볼 자극에만 집중한다고 가정하면, 오른쪽 오드볼 자극이 주어질 때 측정한 뇌파에서는 P300이 관찰되지만 왼쪽 오드볼 자극이 주어질 때 측정한 뇌파에는 P300이 관찰되지 않는다. 이런 원리를 이용해서 힐 박사는 세계 최초로 청각의 선택적인 주의집중을 검출해서 식물인간 상태의 환자들이 '예'-'아니오'의 간단한 의사소통을 할 수 있는 새로운 뇌-컴퓨터 접속 방식을 제안했다.

2010년에는 네덜란드 소재 TNO라는 회사의 브라우어[Brouwer] 박사 연구팀이 인체 여러 부위에 서로 다른 진동을 가해 주고 특정 부위에 선택적으로 집중할 때의 뇌파를 측정해서 현재 집중하고 있는 부위를 알아내는 데 성공했다. 이 방식도 제레미 힐 박사의 청각 P300과 마찬가지로 P300을 이용한다. 몸의 여러 곳이 동시에 가려울 때, 한 곳에만 집중하면 한 곳의 가려움만 느껴지는, 촉각의 선택적 주의집중을 이용한 것이다. 실제로 몸의 모든 근육이 마비되는 루게릭병 환자들은 운동 능력은 잃어버리지만 몸의 감각은 대부분 죽지 않고 살아 있다. 움직일 수만 없지 건강한 사람들처럼 듣고, 보고, 느낄 수 있는 것이다. 브라우어 박사 연구팀의 연구 결과는 이처럼 몸의 감각이 살아 있는 루게릭병 환자들의 의사 소통을 위해 사용될 수 있을 것으로 기대된다.

2011년, 우리 연구팀은 오른쪽 귀와 왼쪽 귀에 서로 다른 주파수의 소리를 들려 줄 때 발생하는 '정상상태청각반응[ASSR]'이라는 뇌파를 이용하면 환자가 어느 소리에 집중하고 있는지 알아낼 수 있다는 사실을 발견했다. 정상상태청각반응은 특정한 주파수로 진동하는 소리를 들려줄 때 같은 주파수로 진동하는 뇌파가 증가하는 현상이다. 즉 외부의 소리 자극에 대해서 뇌파가 변하는 현상이다. 인간의 뇌에 대해 우리가 알고 있는 사실은 아직 10%도 되지 않는다는 것이 뇌과학자들의 공통적인 의견인데, 정상상태청각반응이 왜 발생하는지의 이유에 대해서도 아직까지 확실하게 밝혀진 것은 없다. 더 재미있는 것은 정상상태청각반응이 모든 주파수에 대해서 발생하는 것이 아니라는 사실이다. 이유는 잘 알 수 없지만, 사람의 뇌는 유독 40 Hz 부근의 주파수를 가지고 변하는 소리[26]에만 반응한다. 정상상태청각반응이 발생하는 뇌의 부위는 보통 소리를 받아들이는 뇌 부위인 측두엽의 청각피질이 아니라 뇌줄기brainstem라고 알려져 있는데, 특정한 주파수의 소리에 반응하는 뇌 영역이 뇌의 깊은 곳에 있는 뇌줄기라는 것 역시 우리가 이해할 수 없는 뇌의 미스터리 중 하나다.[27]

실생활에서 유용하게 쓰이는 뇌파 중 하나인 정상상태청각반응도 역시 선택적 주의집중에 의해 반응 강도가 변화하는데, 우리 연구팀은 오른쪽과 왼쪽 귀에 서로 다른 진동 주파수(40 Hz 부근 주파수에서 큰 반응이 나오기 때문에 37 Hz와 43 Hz를 선택)를 가진 소리들을 들려주고 특정한 소리에 집중하게 했다. 사실 뇌파를 이용해서 어느 소리에 집중하고 있는가를 감별해 내는 것은 말처럼 쉬운 일은 아니다. 선택적 주의집중에 의해서 변하는 뇌파 반응이 그리 크지 않을 뿐만 아니라 사람들마다 집중하는 정도도 차이가 나기 때문이다.

---

26 1초에 40번 '뚜뚜뚜…' 하는 소리가 들린다고 생각하면 된다.
27 뇌에 대해서는 이렇게 기본적인 현상조차 명확히 밝혀져 있지 않다. 그만큼 연구해야 할 것들이 수 없이 많다는 뜻이다.

정상상태청각반응은 여러가지 실용적인 응용 분야에 아주 유용하게 사용되고 있다. 대표적인 응용 분야는 청각장애 진단이다. 병원에서 청각장애를 진단할 때는, 바깥 소리가 차단된 방에서 헤드셋을 착용하고 소리가 들리는지 들리지 않는지를 버튼을 눌러 반응하는 방식을 주로 사용한다. 하지만 뇌파를 이용하면 우리가 따로 반응하지 않더라도 더 빠르고 정확하게 청각장애를 진단할 수 있다. 한 가지 방법은 특정한 소리를 띄엄띄엄 반복적으로 들려준 다음에 측두엽 부근에서 측정한 뇌파에서 소리에 대한 사상관련전위가 발생했는지를 관찰하는 방식이다. 이와 유사하게 40 Hz로 진동하는 소리를 일정 시간 동안 들려준 다음에 정상상태청각반응이 나타났는지를 관찰해도 소리를 들었는지 여부를 판단할 수 있다. 뇌파를 이용하는 방식은 소리를 들었는지 듣지 못했는지를 알 방법이 없는 신생아의 청각장애 진단에 특히 유용하다. 우리나라에서도 웬만한 규모를 가진 산부인과에 가면 뇌파를 이용하는 청각장애 진단 기기들이 비치되어 있어서 아기의 부모들이 원하는 경우에는 추가 비용을 지불하고 검사를 받을 수 있다. 사실 호주와 같은 일부 국가들에서는 신생아의 청력 검사를 필수 검사 항목으로 지정하고 있는데, 이는 청력을 회복할 수 있는 수술인 인공와우(인공달팽이관) 시술은 어린 나이에 할수록 더 나은 효과를 볼 수 있기 때문이다.

우리 연구팀은 이 문제를 해결하기 위해서 지문인식에서 사용하는 '특징 추출 방법'과 서로 다른 패턴을 분류해 내는 '패턴인식 방법'을 도입했다. 컴퓨터가 지문을 인식하는 원리는 생각보다 어렵지 않다. 첩보 영화나 범죄를 다룬 드라마를 보면 현장에서 채취한 지문을 데이터베이스에 저장된 수많은 지문들과 대조해서 가장 잘 일치하는 지문을 찾아내는 장면을 흔히 볼 수 있다. 이처럼 서로 다른 상황에서 측정된 뇌파에서 특징적인 점을 찾아내고 저장된 데이터베이스와 비교해서 어떤 상황에서 측정된 뇌파인지 알아내는 것이다. 문제는 동일한 상황에서 측정한 뇌파 신호라고 하더라도 개인차가 존재한다는 점이다. 많은 연구자들이 모든 사람들에게 사용할 수 있는 특징적인 뇌파를 찾아보려고 시도했지만, 40여 년에 걸친 노력에도 불구하고 아직까지 이런 특징적인 뇌파는 발견되지 않았다. 결국 모든 사람들에게 적용할 수 있는 데이터베이스를 구축하는 대신에 개인별로 따로 데이터베이스를 만들어야 한다. 이런 과정을 커스터마이즈[28]라고 한다.

뇌-컴퓨터 접속 시스템을 사용하기 전에는 미리 여러 상황에서 뇌파를 측정해서 개인별 데이터베이스를 만들어 놓고, 실제로 뇌-컴퓨터 접속을 사용할 때 개개인의 데이터베이스와 비교한다. 이처럼 개인 데이터베이스는 매우 중요한데, 서로 다른 상황을 잘 구별해 주는 뇌파 특징을 선택하는 것이 필요하다. 물론 이런 과정을 위한 컴퓨터 알고리즘들은 이미 많이 개발돼 있다. 우리 연구팀은 측정된 뇌파를 실시간으로 분석해서 사용자가 어떤 소리에 집중하고 있는지를 80%가 넘는 정확도로 알아내는 데 성공했다. 2014년에는 필자의 연구실에서 개발한 방법을 기초로 해서 일본 와세다대학교 연구팀이 95%

---

[28] customize, 옷을 만들 때 개인별로 맞춤 재단을 하는 것을 생각하면 된다.

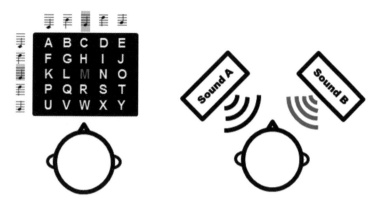

소리의 선택적 주의집중을 이용한 뇌-컴퓨터 접속 방식(왼쪽 그림: 제레미 힐 박사의 방식, 오른쪽 그림: 우리 연구팀이 제안한 방식)

의 정확도로 예-아니오의 의사를 구별해 내는 데 성공하기도 했다.

위에서 소개한 기술들은 아직 2~4개 정도의 간단한 의사만을 판별하는 수준이지만 이것으로도 충분한 의미가 있다. 의사나 간병인의 질문에 '예', '아니오'로만 대답할 수 있어도 충분히 환자의 의사를 전달할 수 있기 때문이다. 예를 들어 의사 표현이 불가능한 사지마비 환자에게 간병인이나 가족이 옆에서 책을 읽어주거나 음악을 틀어주는 것은 언뜻 환자를 위한 배려로 보이지만 실제로 그 순간 환자는 조용히 쉬고 싶다는 생각을 하고 있을 수도 있다. 이러한 경우에 "이 책을 읽어 드릴까요?"나 "클래식 음악을 틀어 드릴까요?"라는 질문에 예, 아니오의 대답만 할 수 있어도 환자의 행복도를 크게 높여줄 수 있다.

국내에서도 인기가 높은 미국 의학 드라마인 〈닥터 하우스〉의 5시즌 19화를 보면 알 수 없는 이유로 인해 갑자기 식물인간과 유사한 상태에 빠진 젊은 흑인 남성이 등장한다. 의료진들은 온갖 검사를 다 시도해 보지만 도저히 이 환자가 의식 불명에 빠진 이유를 찾아내지 못한다. 이 때 한 연구자가 최신 기술이라며 머리에 모자 형태의 뇌파 측정 장치를 씌우고 의사소통을 해 보자고 제안했을 때, 뇌-컴퓨터 접속 기술에 대해 알지 못하던 기존의 의료진은 믿지 못하겠다는 반응을 보인다. 정면에 놓인 컴퓨터 모니터에 그려진 마우스 커서를 생각만으로 위로 움직이면 '예', 아래로 움직이면 '아니오'를 의미한다고 약속한 다음 기계를 작동시켰지만 이 장치는 생각처럼 잘 작동하지는 않는다. 모두가 포기하고 있던 순간, 환자의 상태를 살피기 위해 들어온 간호사가 우연히 이 장치가 작동하는 것을 발견하고는 의료진을 부른다.

한 의사가 질문했다.

"최근 2주 동안 혈변 본 적 있어요?"

이 질문에 마우스 커서가 아래로 움직인다.

"로타 바이러스는 아니군"

질문한 의사가 혼자말을 한다.

"관절통은요?"

다른 의사의 질문에 역시 마우스 커서가 아래로 움직인다.

"앱스타인 바이러스도 아니군"

"최근에 외국에 나가신 적이 있나요?"

마우스 커서가 다시 아래로 움직인다.

"그럼 국내는요?"

또 마우스 커서가 아래로 움직인다.

이 때, 환자의 부인이 끼어든다.

"최근에 세인트루이스에 있었어요."

지금까지 아래로만 움직이던 마우스 커서가 갑자기 위로 움직인다.

"좋아. 미주리 말라리아인 것 같군. 치료 시작해!"

이후에 적절한 치료를 받은 환자가 완쾌되어 건강하게 퇴원한다는 스토리로 이 에피소드는 막을 내린다. 뇌-컴퓨터 접속의 현재 수준에 대해서 잘 알지 못하는 시청자들은 이미 이런 수준의 기술이 가능하다고 착각할 수도 있겠지만, 안타깝게도 이 드라마에서 보여준 상황은 뇌-컴퓨터 접속의 최종 완성 기술로서 〈아바타〉나 〈써로게이트〉와 같은 SF 영화와 크게 다르지 않다. 현재 기술은 드라마에서 보여진 기술보다는 더 느리게, 그리고 훨씬 낮은 정확도로 대상의 의도를 판별한다. 아직은 넘어야 할 난관도 많고 풀어야 할 기술적인 숙제도 많다. 많은 뇌공학자들이 밤새워 연구에 몰두하는 이유다. 그럼에도 불구하고, 이 드라마 에피소드는 '예', '아니오'의 의사소통이 병원 현장에서 얼마나 강력하게 사용될 수 있는가를 보여줬다는 점에서 많은 뇌-컴퓨터 접속 연구자들에게 영감을 줬다.

청각을 이용하는 뇌-컴퓨터 접속 기술은 정상인을 대상으로 하는 실험에서는 높은 정확도를 보였다. 하지만 이후의 연구에서 식물인간과 유사한 상태에 있는 완전 감금 증후군 환자를 대상으로 하는 실험에서는 성공적인 의사소통에 번번히 실패했다. 연구자들은 중증 루게릭병 환자들이 마지막까지 청각이 살아있기는 하지만 정상인에 비해 그 기능이 많이 떨어져서 뇌-컴퓨터 접속이 가능할 정도의 뇌파 패턴을 만들지 못하기 때문이라고 생각했다. 이후에도 뇌파를 이용해서 완전 감금 증후군 환자와 의사소통을 하려는 시도는 계속됐는데 2017년에는 오스트리아의 구거Guger 박사 연구팀이 촉각의 선택적 주의집중을 이용해서 완전 감금 증후군 환자와 70% 정도의 정확도로 의사소통에 성공했다고 발표하기도 했다.

우리 연구팀도 유사 식물인간 상태에 있는 환자분들과 의사소통을 하기 위한 연구를 계속해서 진행했지만 이렇다 할 성과를 거두지

눈을 감은 상태에서의 시각의 선택적 주의집중을 이용하는 뇌-컴퓨터 접속 시스템(출처: Channel-A)

못했다. 그러던 중에 우연히 1년 이상 가족과 의사소통을 하지 못하고 있었던 한 여성 루게릭병 환자분을 만나게 됐고 이 환자분과 뇌파를 이용해서 예-아니오의 의사소통을 하는 데 성공했다. 이 환자분에게는 그간 실패했던 청각을 이용하는 방식 대신에 마음 속으로 복잡한 암산을 하는 과제와 오른팔을 들어올리는 상상을 하는 과제를 실행하게 했는데 40번 중에 무려 35번이나 정확하게 환자분의 생각을 읽어내는 데 성공했다. 이 결과는 세계 최초로 자발적으로 발생한 뇌파를 이용해서 의사소통을 한 사례로 전 세계에 발표됐고 현재까지도 많은 뇌-컴퓨터 접속 연구자들에 의해 인용되고 있다. 이 방식이 모든 환자분들에게 적용이 가능한 것은 아니지만 유사 식물인간 상태의 환자와 뇌파로 의사소통이 가능하다는 것을 보였다는 점에서 중요한 의미를 갖는다.

그런가 하면 우리 연구팀에서는 시각이 온전하지만 눈동자의 움직임이 어렵거나 눈꺼풀을 잘 움직이지 못하는 감금 증후군 환자를 위한 새로운 뇌-컴퓨터 접속 장치도 개발했다. 이 장치는 시각의 선택적 주의집중을 이용한다. 눈을 감고 있는 상태에서도 눈꺼풀을 통해서 빛이 눈으로 들어온다는 점에 착안해서 왼쪽 눈과 오른쪽 눈에 서로 다른 주파수로 깜빡이는 발광다이오드LED를 부착한 안경을 씌운다. 눈을 감은 상태에서 왼쪽과 오른쪽 시각 자극 중 하나에 집중했을 때, 어떤 자극에 선택적으로 집중하느냐에 따라 '정상상태시각유발전위SSVEP'라는 특수한 뇌파가 변화를 일으키기 때문에, 이를 검출하면 '예', '아니오'의 의사소통이 가능하다는 원리다. 앞으로 이러한 기술들을 더욱 발전시킨다면 드라마 〈닥터 하우스〉에서 연출한 상황을 현실에서 보여줄 수 있을 것이다. 무엇보다도 이런 뇌-컴퓨터 접속 기술이 실용화된다면 앞으로는 의식이 깨어 있는 식물인간이 자신이 선택하지 않은 죽음을 맞게 되는 일은 사라질 것이다.

뇌-컴퓨터 접속, 10년 뒤에는...

뇌공학자들은 이제 빛을 이용해 사람의 의도를 파악하는 '근적외선분광^{NIRS}'이라는 기술에 주목하고 있다. 뇌는 활동할 때 조직의 빛흡수율이 달라진다. 이 때문에 머리 표면에 생체 투과성이 높은 근적외선 파장의 빛을 쪼여주면 뇌 활동에 따라 반사되어 돌아오는 빛의 양이 달라진다. 빛을 이용해서 뇌의 활동을 볼 수 있다는 것은 정말 대단한 발상이 아닐 수 없다. 흔히 빛이 우리 몸을 투과할 수 없는 것처럼 생각하지만, 집에서도 간단하게 빛의 생체 투과 현상을 확인할 수 있다. 레이저 포인터를 검지손가락 끝에 가져다 대고 레이저 버튼을 눌러보자. 반대편 손톱에서 손가락을 통과해서 비치는 붉은색 빛을 볼 수 있을 것이다. 이 기술은 맥파$^{Photo PlethysmoGraph: PPG}$측정기의 검출 원리와 같다. 맥파측정기는 보통 집게 모양으로 생겨 앞면과 뒷면에 각각 레이저 광원과 광다이오드(빛을 검출하는 반도체)가 부착돼 있다. 심장이 펌프질을 해서 피를 온몸 구석구석까지 보내면

Tip 맥파측정의 원리

우리 몸에서 피가 하는 중요한 역할은 몸의 조직에 영양분을 공급하는 것 이외에도 산소를 공급해 주는 것이다. 생물 시간에 이미 배웠겠지만 산소를 운반하는 것은 헤모글로빈이라는 단백질인데, 산소를 머금고 있는 헤모글로빈을 산화헤모글로빈이라고 부른다. 어떤 부위에 산화헤모글로빈이 얼마나 있느냐에 따라 빛의 산란 정도가 달라지는데, 심장 박동으로 인해 손가락 끝 부위의 혈관이 확장되고 산화헤모글로빈이 크게 증가하게 되면 반대편에서 측정되는 빛의 양이 변하게 된다. 이런 원리로 심전도와는 약간 다른 파형이지만 심장 박동에 따라 주기적으로 변하는 맥파라고 불리는 신호를 얻을 수 있다. 맥파는 심장 박동수뿐만 아니라 심장박동의 주기성이 변하는지를 관찰하는 데 유용하기 때문에 병원에서 환자를 모니터링하거나 사용자의 흥분도를 관찰하는 등의 용도로 쓸 수 있다.

손가락 끝의 혈관에서도 심장 박동에 맞춰 혈류량(피의 양)이 늘었다 줄었다를 반복한다. 혈액 속의 헤모글로빈의 양이 변하면 빛의 투과도가 달라지는데 이것을 측정하면 심박수를 측정할 수 있다.

맥파측정 때보다 좀 더 센 빛을 두피에 쪼여주면 놀랍게도 이 빛이 2~3센티미터까지 투과해서 대뇌 피질에까지 도달하게 되는데, 이 때 반사나 산란된 빛을 다시 두피 위에서 측정할 수 있다. 빛을 만들어 내는 광원 아래 부분에 있는 뇌 부위가 활동하면 그 부분에 많은 산소를 공급하기 위해서 혈관이 확장되고 많은 양의 산화헤모글로빈이 모이게 되는데, 이런 변화는 두피에 부착된 광센서에서 측정되는 빛의 양에도 변화를 준다. 즉 측정되는 빛의 양이 얼마나 달라지느냐를 관찰해서 뇌 활동을 알아낼 수 있다는 것이다.

2009년 캐나다 토론토대학교의 톰 차우[Tom Chau] 박사 연구팀은 실제로 이 기술을 이용해 여러 가지 음료수 중 좋아하는 것을 알아내는 실험에 성공하기도 했다. 2009년 일본 국제전기통신기초기술연구소[ATR] 연구팀은 역시 근적외선분광을 이용해서 혼다의 '아시모'라는 휴머노이드 로봇을 움직여 큰 관심을 모으기도 했다. 2017년 독일의 닐스 비르바우머[Niels Birbaumer] 교수 연구팀은 근적외선분광을 이용해서 완전감금증후군 환자와 '네-아니오'의 의사소통에 성공했다고 발표했다. 비록 속도가 느리고 정확도도 높지 않았지만 당시 완전 감금 증후군 상태에 있었던 환자는 뇌-컴퓨터 접속 시스템을 이용해서 자신의 딸이 결혼상대자로 소개한 남성이 마음에 들지 않는다며 결혼에 반대하는 의견을 표시했다. 물론 반대한 이유까지는 알 수 없지만 딸은 아버지의 뜻을 받아들여 자신의 남자친구와 헤어졌다고 한다. 근적외선분광은 fMRI에 비해 가격이 저렴하고 뇌파에 비해 정확하기 때문에, 미래의 뇌-컴퓨터 접속 기계로 사용되기에 손색이 없다.

뇌-컴퓨터 접속 기술은 기술의 발전 속도를 감안할 때 빠르면 10년 이내에 실용화되어 사지마비 환자의 간단한 의사소통을 도울 수 있을 것이다. 또 이 기술은 식물인간이나 혼수상태 환자들이 의식을 가지고 있는지를 판별하거나 장시간 수술 중에 환자의 의식이 깨어났는지를 확인하는 데도 사용할 수 있다. 우리가 식물인간이라고 부르던 사람들과 생각만으로 대화하게 될 날이 멀지 않은 것이다.

하지만 뇌-컴퓨터 접속 기술의 빠른 발전에도 불구하고 아직까지 해결해야 할 문제들도 많다. 기술적인 문제 이외에도 뇌-컴퓨터 접속을 둘러싼 사회의 비판적인 시각을 극복해야 한다. 뇌-컴퓨터 접속의 현실적인 문제를 지적하는 많은 사람들은 "이 기술이 정말 환자의 삶의 질을 높여줄 것인가? 만약 의사소통에 어려움을 가진 사람들에게 적용한다면 사전에 실험에 대한 동의를 어떻게 얻어낼 것인가? 만약 장치가 잘못 작동한다면 누가 책임을 져야 하는가?"와 같은 측면들을 걱정한다.

일부 앞서 가는 사람들은 이 기술의 발전이 궁극적으로 가져오게 될 잠재적 문제들에 대해 미리부터 대책을 마련해야 한다고 주장한다. 예를 들면 소위 '마인드 리딩'이라고 불리는 마음읽기 기술이 보편화 됐을 때, 개인의 사생활 침해 가능성이라던가, 개인정보 보호, 나아가 정부기관의 개인 통제 수단으로 전용될 가능성에 대비해야 한다는 것이다. 필자는 개인적으로 아직 이런 논의를 하기에는 현재의 기술 수준이 많이 부족하다고 생각하지만 뇌공학자들이 기술 개발 과정에서 인문학자들의 다양한 의견을 참고하고 수용할 필요가 있다고 생각한다. 특히 필자는 미국 에모리 대학의 신경과학자인 마이클 클러쳐$^{Michael Crutcher}$교수가 주장한 "향후 뇌-컴퓨터 접속 기술이 상용화되었을 때, 일부 부유 계층만 사용할 수 있는 값비싼 기술이 되어서는 안된다"는 의견에 전적으로 동의한다. 연구자들이 뇌파를 이용한 뇌-컴퓨터 접속, 특히 저렴한 휴대용 뇌파 측정 장치를 이용하는 방식에 대해 연구하고 있는 이유다.

한편, 일부에서는 뇌-컴퓨터 접속 기술이 영화나 드라마를 통해 과대포장되는 것에 대해 큰 우려를 나타내기도 한다. 예를 들어 영화 〈써로게이트〉에서처럼 뇌파만을 이용해서 아바타를 조정하는 것은 아예 불가능한 기술이다. 또한 앞서 소개한 드라마 〈닥터 하우스〉의 에피소드에서도 고성능의 뇌-컴퓨터 접속 기술이 (특별한 설명 없이) 마치 실재하는 기술인 것처럼 보여지고 있다. 이런 과장된 설정들은 뇌-컴퓨터 접속 기술의 적용이 필요한 환자나 환자의 가족들뿐만 아니라 일반인들에게 지나치게 큰 희망과 환상을 가지게 한다. 암을 완치할 수 있는 가능성이 지난 수십 년간 지속적으로 제시되어 왔지만 아직까지 완벽한 암 치료제가 개발되지 못하고 있음을 상기할 필요가 있다. 대중의 관심은 연구자들에게 큰 힘이 될 수 있지만, 뇌-컴퓨터 접속 기술에 대한 지나친 과장은 환자들과 가족들에게 일종의 '희망 고문'이 될 수 있음을 명심해야 할 것이다.

목소리 없는 대화

생각으로 쓰는 타자기

Engineering for Brain,
Brain for Engineering

최고 권위 패션잡지의 편집장인 '보비'. 많은 사람들의 존경과 동경의 대상이었던 그는 어느 날 갑자기 찾아온 뇌졸중으로 왼쪽 눈꺼풀을 제외한 전신이 마비된다. 더 이상 손으로 글을 쓸 수도, 입으로 말을 할 수도 없게 된 보비. 그러나 그는 언어치료사가 불러주는 알파벳 철자에 눈을 깜빡이는 방법으로 다시 세상과 소통하기 시작한다. 그리고 15개월 동안 눈을 20만 번 깜빡이는 방법으로 자신의 이야기를 담은 책을 완성한다.

2008년 개봉해서 전 세계인에게 큰 감동을 주었던 영화 〈잠수종과 나비〉는 세계 최고의 권위를 자랑하는 프랑스 패션잡지 『엘르』의 편집장 쟝 도미니크 보비Jean-Dominique Bauby의 실화를 바탕으로 한 이야기다. 19세기 초, 미국의 정치가 다니엘 웹스터Daniel Webster는 "만

약 한 가지만 제외하고 내가 소유한 모든 것을 잃어버린다면 나는 의사소통 능력을 선택할 것이다. 그 능력만 있다면 나머지 모든 것들을 다시 얻을 수 있을 테니까"라는 유명한 말을 남겼다. 그만큼 중요한 의사소통 능력이기 때문에 신경계 장애로 말할 수 있는 능력을 잃어버린 환자에겐 더욱 절실하다. 이런 환자를 돕기 위해 개발된 것이 화상 키보드, 발 마우스, 안구 마우스 같은 보조공학기계다.

최근에는 뇌 활동을 읽어내 타자를 칠 수 있게 하는 '정신적 타자기'가 새로운 의사소통 수단으로 주목받고 있다. '정신적 타자기'는 앞 장에서 소개한 의사소통이 아예 불가능한 수준의 식물인간 상태 환자들보다는 시각 기능이 어느 정도 살아 남은 환자들에게 유용한 기술로서 역시 뇌-컴퓨터 접속의 중요한 분야로 자리매김하고 있다.

언제부터?

루게릭병처럼 시간이 갈수록 점점 신경이 마비되는 퇴행성 신경질환 환자에게 가장 마지막까지 온전히 남아 있는 운동기관은 일반적으로 '눈'이다. 앞서 소개한 눈 깜빡임을 이용한 타이핑 방식은 최근까지도 많이 쓰지만 글자 하나하나를 옆에서 불러주고 환자가 반응을 해야 하기 때문에 분당 타수가 아주 낮다. 좀 더 빠른 방법은 문자표를 눈앞에 보여주고 환자가 특정 문자를 응시하면 옆에 있는 사람이 시선 방향에 있는 문자를 가리키고 근처의 문자들 중 하나를 눈을 깜빡여서 확인받는 방식이다. 하지만 이런 방법은 환자를 도와줄 수 있는 사람이 항상 옆에 있어야 한다는 제한이 있다. 필자는 이런 방식으로 외부와 의사소통을 해 온 루게릭병 환자를 몇 명 만나본 적이 있다. 환자의 보호자들은 한결같이 말했다. 루게릭 환자들의 꿈은 옆 사람의 도움 없이 스스로의 힘으로 인스타그램이나 트위터에 글을 남기는 것이라고.

그렇다면 환자가 누군가의 도움 없이도 스스로 글을 쓸 수는 없을까. 그래서 개발된 기계가 바로 안구 마우스다. 안구 마우스는 카메라로 동공의 움직임을 추적하는 '아이트래킹eyetracking'이라는 첨단 기술을 쓴다. 눈의 흰자위와 검은자위는 색의 대비가 분명하기 때문에 비교적 쉽게 동공의 위치를 찾아낼 수 있다. 동공의 위치를 찾아내기 위해서 우선 색이 있는 영상을 흑백 영상으로 변환한다. 검은색을 0이라고 하고 완전한 흰색을 255라고 하는데 그 가운데의 색은 0과 255 사이의 자연수 값을 가지게 한다. 물론 동공은 0에 가까운 값을 가진다. 다음은 예를 들어 120이라는 값을 기준으로 120보다 작은 값을 가지는 픽셀(화소)은 검은색으로, 120보다 큰 값을 가지는 픽셀은 흰색으로 표시하면, 동공 부분은 검은색으로 채워진 원이 되고 눈의 흰자위 부분은 흰색 바탕이 된다. 이제부터는 검은색 원을 계속해서 찾아주는 컴퓨터 알고리즘을 적용하면 실시간으로 눈의 움직임을 추적해 낼 수 있다. 영상처리 기술의 발달 덕분에 최신 안구 마우스는 높은 정확도로 분당 40~50자의 문자를 타이핑할 수 있다. 하지만 안구 마우스도 역시 한계는 있다. 눈앞의 문자표 위치가 달라지면 시선도 달라지기 때문에 사용할 때마다 위치 보정을 해야 한다. 번거롭고 시간도 많이 걸릴 뿐만 아니라 위치 보정을 도와줄 사람이 여전히 필요하다는 뜻이다. 더구나 안구 마우스는 카메라를 이용하기 때문에 조명이 너무 어둡거나 밝으면 안구의 움직임을 잘 추적할 수 없다. 무엇보다 루게릭병에 걸린 환자들 중에는 눈의 움직임이 자연스럽지 않거나 특정한 방향으로 눈동자를 움직일 수 없는 경우가 많다. 이런 환자들에게는 안구마우스를 사용하는 것이 거의 불가능하다. 실제로 많은 심각한 상태의 루게릭병 환자들이 안구마우스를 사용하지 못하고 있다.

어디까지 왔나?

2012년 베티나 소르거^{Bettina Sorger} 네덜란드 마스트리히트대 교수는 기능적 자기공명영상^{fMRI} 장치를 이용해 글자를 타이핑할 수 있는 정신적 타자기를 개발해 주목을 받았다. 소르거 교수는 MRI 기계 안에 누워 있는 사람이 팔을 움직이는 상상, 곱하기 암산, 마음속으로 시 외우기 등의 생각을 할 때 뇌에서 일어나는 변화를 관찰하는 방법으로 27개의 문자를 타이핑하는 데 성공했다. 소르거 교수의 방식은 다음과 같다. 우선 1분에 한 문자를 타이핑한다고 가정할 때, 세 가지의 생각 중에서 어느 하나를 먼저 선택한다. 예를 들어 'R'이라는 영문자를 타이핑하고 싶으면 마음 속으로 시를 외워야 한다. "제가 그대를 여름에 비교해 볼까요? 당신은 더 아름답고…"와 같은 알고 있는 시를 외우는 동안 MRI 기계는 계속해서 뇌에서 발생하는 신호를 측정한다. 그럼 어떻게 27개의 문자를 타이핑할 수 있을까? 소르거 교수는 시를 외우기 시작하는 시간과 시 암송을 끝내는 시간을 달리해서 다시 9개의 문자를 선택할 수 있게 했다. 처음부터 시를 암송하다가 10초 후에 시 암송을 중단하면 'R'이라는 문자가 선택되고, 10초 후에 시 암송을 시작해서 20초 동안 계속하면 'V'라는 문자가 선택되는 방식이다. 소르거 교수의 방법은 정확도가 높지만 실용화하기엔 분당 타수가 너무 낮고 (분당 1타) 고가의 MRI 기계를 써야 한다. 소르거 교수가 이처럼 느린 타자기를 사용할 수밖에 없었던 이유는, 사람의 생각에 따라 변화하는 fMRI의 반응이 생각보다 아주 느리기 때문이다. fMRI는 뇌의 특정한 부분이 활동하면 그에 따라 부근의 혈류량(피의 양)이 변화하는 것을 측정하는데, 이런 변화는 뇌의 활동에 비하면 아주 천천히 일어나기 때문이다. 이미 혈액 속에 있는 산소를 다 사용했는데 일종의 '뒷북'을 치는 것과 같다. 물론 사람이 어떤 생각을 하면 지속적으로 하는 경향이 있으니 뇌가 그에 대한 대비를 하기 위해 이런 매커니즘이 만들어졌으리라는 추론은 가능하다. 우리의 인체는 어느 하나 이유 없이 만들어진 것이 없다.

현재까지 개발된 정신적 타자기 중에서는 뇌파를 이용해 문자를 입력하는 방식이 가장 효율이 높다. 그 중 가장 많이 쓰는 방식은 문자판에 나열된 문자가 순차적으로 반짝일 때, 집중하고 있는 문자가 반짝이는 순간 발생하는 P300을 검출하는 방식이다. P300에 대해서는 앞서 상세히 소개한 바 있다. A에서부터 Z까지가 쓰여진 문자판에서 각 문자(또는 배경)가 임의로 반짝인다. 소르거 박사의 정신적 타자기에서 예를 든 것처럼 'R'이라는 문자를 입력하고 싶으면 'R'이 반짝일 때까지 계속해서 'R'을 집중해서 쳐다보고 있으면 된다. 앞장에서 설명한 것처럼 P300은 우리가 나타나기를 원하는 자극이 나타날 때에도 발생하기 때문에 'R'이 반짝이는 시점에서는 P300이 발생해야 한다. 보통 P300이 잘 측정되는 지점인 두정엽(머리 꼭대기에서 약간 뒷부분) 가운데 부분에 뇌파 전극을 부착한 다음에 어떤 문자가 반짝일 때 P300이 발생하는지를 관찰하면 환자가 어떤 문자를 입력하고자 했는지를 역으로 알아낼 수 있다. 보통은 P300을 한

번에 측정하기는 어렵고 여러 번 반복해야 하기 때문에 30개의 문자를 10번 반복해서 반짝이게 한다면 300번이나 문자들이 반짝인 다음에야 한 문자를 입력할 수 있게 된다. 1초에 10번 반짝일 수 있다고 하더라도 한 문자를 입력하는 데 30초나 걸리는 것이다. 이렇게 되면 소르거 교수의 방법에 비해서 측정이 간편하다는 것 이외에는 크게 장점이 없어 보인다.

이 문제는 P300을 오래 전부터 연구해 오던 영국의 파웰Farwell 박사와 돈친Donchin 박사의 아주 기발한 아이디어로 해결이 됐다. 각각의 문자들을 차례로 반짝이게 하는 대신에 문자들을 직사각형 배열 형태로 배치해 놓고 직사각형 배열의 각 행과 열에 포함된 문자 전체를 임의로 깜빡이게 하는 것이 파웰 박사와 돈친 박사의 아이디어였다. 예를 들어 30개의 문자를 가로 5개 행, 세로 6개 열로 배치한 다음에 행과 열을 깜빡이면 'R'이 포함된 행이나 열이 깜빡일 때 P300이 발생한다. 따라서 P300이 발생한 행과 열을 알아내면 그 행과 열이 교차하는 곳에 있는 문자 'R'을 찾아낼 수 있다. 이 방법을 이용하면 30번의 깜빡임을 단 11번의 깜빡임으로 줄일 수 있기 때문에, 한 문자를 입력하는 데 단 11초밖에 걸리지 않는다. 파웰 박사와 돈친 박사가 이 아이디어를 낸지 30년이 넘게 지났지만 아직도 이 방법이 P300을 이용한 뇌-컴퓨터 접속의 가장 기본적인 방법으로 쓰이고 있다.

한 문자를 입력하는 데 11초가 걸린다면 분당 5.5문자 정도밖에

파월과 돈친 박사의 P300 정신적 타자기의 형태(출처: 미국 워즈워스센터 BCI 데이터셋)

입력할 수 없는데 분당 300타 이상의 타자수를 보유한 대부분의 독자 여러분들이 보기에는 너무나 느리고 답답하게 느껴질지도 모르겠다. 하지만 눈동자를 움직이는 것 이외에는 자신의 의사를 나타낼 방법이 없는 사지마비 장애인들에게는 분당 5.5문자라도 자신의 생각을 표시할 수 있는 방법이 있다는 것만으로도 삶의 의미를 주기에 충분하다.

2012년은 여러 가지로 뇌-컴퓨터 접속 분야에 있어 기념비적인 사건들이 많았는데, 특히 일반 가정에서 사용할 수 있는 P300 기반의 정신적 타자기가 상품으로 출시된 것도 그 중 하나이다. 오스트리아 그라츠Graz라는 도시의 구거 테크놀로지Guger Technology라는 회사는 LCD 화면과 뇌파 측정기가 일체화된 정신적 타자기 시제품을 출시했다. 아직은 가격도 비싸고 사용이 불편하지만, 뇌-컴퓨터 접속 기술을 실용화시킨 첫 제품이라는 점에서 큰 의미를 지닌다. 2012년 연말에는 이 회사에서 개발한 모자 형태의 뇌파 측정기를 8명의 사람(정상인)들에게 씌워 놓고 앞에 놓인 커다란 스크린에 보여지는 파웰-돈친의 P300 타자기를 쳐다보게 해서 'Merry Christmas'라는 글자를 입력하는 동영상이 공개돼 화제가 되기도 했다. 대중들에게 정신적 타자기를 소개한다는 의미에서 마련된 일종의 '쇼^{show}'였지만 여러 사람이 마음을 모아 메세지를 전달했다는 점에서 '집단 의식 측정'이라는 새로운 연구 주제를 제시했다는 긍정적인 평가도 있다.

최근에는 정상상태시각유발전위^{SSVEP}라는 뇌파를 이용하기도 하는데, SSVEP는 특정한 주파수로 깜빡이는 빛 자극을 쳐다볼 때 후두엽(뒤통수 부근) 뇌파에서 깜빡이는 빛과 동일한 주파수 성분이 증가하는 현상이다. 사용자가 서로 다른 주파수로 깜빡이는 여러 문자 중 어느 하나에 집중하고 있을 때, 후두엽에서 어떤 주파수 성분이 증가하는지를 관찰하면 어떤 문자를 바라보고 있는지를 역으로 추측해낼 수 있는 원리다. 우리 연구팀에서도 2012년 이 방식을 이용한 정신적 타자기를 개발해 세계 최고 수준의 분당 타수를 기록했다. 우리 연구팀에서 개발한 정신적 타자기의 분당 타수는 평균 10타/분 정도로 앞서 소개한 P300을 이용한 정신적 타자기보다도 2배가량 빠른 속도다. 우리 연구팀에서 개발한 정신적 타자기는 0.1 Hz 간격으로 서로 다른 주파수로 깜빡이는 LED 30개를 배치한 것인데, 우리 연구팀이 개발한 타자기가 기존 타자기에 비해서 더 우수한 성능을 보였던 이유는 오타를 방지할 수 있도록 다른 주파수를 가진 LED를 적절한 위치에 배치하는 기술 덕분이었다. 이 타자기의 작동 모습은 인터넷 동영상 공유 사이트인 유튜브에서 확인할 수 있다 (http://www.youtube.com/watch?v=uunf3FDfEno).

　뇌파를 이용한 방법은 안구 마우스보다 타수가 다소 느리지만 위치 보정을 할 필요가 없고 증상이 심한 루게릭 환자에게 적용할 수 있어 앞으로가 주목되는 기술이다. 뇌공학자들은 뇌파 측정기의 비용 문제와 착용 시 편의성만 개선된다면 뇌파 타자기를 지금이라도 신경계 손상 환자에게 보급할 수 있다고 말한다. 우리 연구팀에서는 정신적 타자기의 정확도와 속도를 높이는 연구뿐만 아니라 우리나라 환자를 위한 한글 정신적 타자기 개발에 집중하고 있다.

필자의 연구실에서 개발한 정신적 타자기의 작동 모습(출처: YTN Science TV)

정신적 타자기의 미래는?

심각한 루게릭병을 앓았던 세계적 석학 스티븐 호킹^{Stephen William} ^{Hawking} 박사가 세상과 소통할 수 있었던 것은 보조공학기술 덕택이다. 호킹 박사는 약간의 움직임이 가능한 두 손가락을 이용해 컴퓨터에서 문자를 선택하는 방법으로 책을 집필하거나 강연 활동을 했다. 스티븐 호킹 박사는 일부 근육의 움직임이 가능한 상태여서 다른 수단으로도 의사소통이 가능했지만 실제로는 외부와의 의사소통이 완전히 단절된 환자도 많다.

외부와의 의사소통이 막혀버린 사람들에게 의사소통의 수단을 제공하는 일은 누가 보더라도 중요하고 의미 있는 일이다. 그럼에도 불구하고, 많은 사람들이 정신적 타자기를 개발하는 연구에 많은 지원을 할 필요가 있을까 하는 의구심을 품고 있는 것도 사실이다. 그와 같은 주장을 하는 사람들의 논리는 간단하다. 투입한 비용에 대비해서 경세성이 떨어진다는 거다. 실제로 루게릭병의 발병률은 다른 뇌질환에 비해 아주 낮은 편에 속한다. 전 세계적으로 매년 15만 명에서 20만 명 정도가 새로 루게릭병 진단을 받는다. 전 세계 인구를 고려할 때, 희귀 뇌질환에 속하는 것은 분명하다. 더구나 루게릭병 환자라고 해서 모두가 뇌파 타자기를 필요로 하는 것은 아니다. 많은 환자들이 스티븐 호킹 박사처럼 일부 근육의 움직임이 가능한 상태여서 다른 수단으로도 의사소통이 가능한 경우가 많다. 물론 점차적으로 근육의 수축이 일어나게 되면 결국에는 뇌파 타자기를 사용해야 하는 단계에 이르게 되는 경우가 대부분이지만 안타깝게도 그 시간이 길지는 않다. 대부분의 루게릭병 환자는 최초 발병 후 3년 이내에 사망에 이른다. 스티븐 호킹 박사는 일종의 예외 경우에 해당하는 셈이다. 필자도 이런 상황을 잘 인지하고 있고, 경제적인 잣대를 들이댄다면 이런 연구가 비용 대비 경제적 효과가 많이 낮다는 것도 잘 이해하고 있다. 그렇지만 정신적 타자기를 개발하는 연구는 경제적 잣대로만 평가돼서는 안된다는 것이 필자의 생각이다.

필자는 학창시절 헤비메탈 음악에 심취했었다. 헤비메탈 음악에 특별히 조예가 깊지 않은 30대 이상 독자들도 아마 세계적인 헤비메탈 그룹인 '메탈리카^{Metallica}'의 이름을 들어본 적이 있을 것이다. 메탈리카의 수많은 명곡들 중에서 우리나라에서도 많은 사랑을 받은 'One'이라는 곡이 있다. 반전의 메세지를 담은 이 곡의 가사는 전쟁에서 지뢰를 밟아 두 팔과 두 다리를 잃고 눈과 귀까지 멀게 된 한 병사의 독백을 담고 있다. 그는 온전한 의식이 있지만 의식이 몸에 갇혀 있는 괴로움에 제발 자신의 목숨을 가져가 달라고 신에게 기도한다. 고등학교 학창 시절 잘 들리지도 않는 영어를 힘들게 번역하면서 내 자신이 그 병사의 상황이라면 얼마나 고통스러울까 하는 생각에 한동안 가슴이 먹먹했던 기억이 30여 년이 지난 지금까지도 또렷하다.

앞서 다니엘 웹스터가 말했던 것처럼, 인간은 자신의 생각과 의지를 자유롭게 표현할 수 있다는 점에서 동물과 차별성을 가진다. 우리가 보고 듣고 느끼는 모든 것은 실상 우리의 뇌가 느끼고 있는 것이기 때문에 환자의 뇌가 정상인과 똑같이 작동하고 있다면 그는 사실 우리와 다를 바 없는 온전한 하나의 인간이다. 필자가 (안타깝게도 많은 재정적인 지원을 받고 있지는 못하지만) 동료 연구자들의 근심어린 눈길에도 불구하고 정신적 타자기 연구를 계속하는 것은 그 대상이 비록 소수일지라도 그들이 간절하게 원하는, 가족과 따뜻한 한 마디 대화를 나눌 수 있는 길을 열어주고 싶어서다. 이런 '측은지심'이 필자나 필자의 연구실 연구원들, 그리고 세계의 많은 뇌공학자들이 밤새워 연구할 수 있게 하는 가장 큰 원동력이 되고 있음은 물론이다.

루게릭병은 얼마 전 많은 유명인들이 동참한 '아이스 버킷 챌린지ice bucket challenge'를 통해 일반인들에게도 친숙한 질환이 되었다. 아이스 버킷 챌린지는 참가자가 세 명의 사람을 지명하고 지명을 받은 사람은 하루 내에 얼음물을 뒤집어 쓰거나 100달러를 미국 ALS 협회에 기부하는 형태의 소셜 운동이다. 필자는 이 운동을 통한 모금 자체보다도 희귀질환에 대한 대중의 관심이 높아지게 됐다는 점에서 더 큰 의미를 찾는다. 바라건대 이러한 대중의 관심이 일회성 이벤트에 그치지 않고 지속적으로 유지되기를 기대한다.

다행스럽게도 최근 들어 뇌-컴퓨터 접속 기술이 보다 많은 환자들에게 적용될 수 있는 가능성이 열리고 있다. 적용 대상이 제한적이라는 비판에서 자유롭고자 하는 뇌공학자들의 열망 덕분에 뇌-컴퓨터 접속 기술이 새로운 적용 분야를 찾아가고 있다. 그 분야는 바로 '신경재활neurorehabilitation'이라고 불리는 재활 의학의 한 분야다.

우리나라에서 가장 많은 사람들이 사망하는 원인이 되는 질환은 무엇일까? 흔히들 '암'으로 알고 있는데(물론 맞는 말이다), '암'을 단일 질환으로 보지 않고 '대장암', '위암'처럼 세분할 경우에는 '뇌졸중[29]'에 의해 사망하는 사람의 수가 가장 많다. 뇌졸중의 원인은 다양하지만 잘못된 식습관이나 술, 담배, 스트레스 등이 주요한 원인으로 꼽힌다. 특히 식습관이 서구화되고 개인의 스트레스가 증가함에 따라 뇌졸중의 발병률도 크게 증가하고 있다. 뇌졸중은 쉽게 말해 뇌의 혈관이 막혀서 산소 공급이 원할하지 못해 뇌의 일부가 망가지는 질환이다. 응급 의료 체계가 잘 갖춰져 있지 않았던 과거에는 뇌졸중으로 인해 사망에 이르는 경우가 많았지만 최근에는 병원 접근성과 의료 기술이 좋아지면서 뇌졸중에 걸린 직후 적절한 치료를 통해 다시 일상에 복귀하는 사람들이 늘어나고 있다.

문제는 뇌졸중에 한번 걸리게 되면 망가진 뇌의 기능을 회복하기가 어렵다는 것이다. 예를 들어 뇌졸중으로 인해 오른쪽 대뇌의 운동영역의 기능을 상실하면 망가진 부위의 위치에 따라 왼쪽 팔이나 다리, 혹은 왼쪽 얼굴의 운동 능력을 상실한다. 어릴 때 만들어진 신경세포(뉴런)는 죽고난 다음에는 재생되지 않는다는 사실은 상식으로 받아들여지고 있다. 해마^{hippocampus}의 일부 신경세포가 새로 생겨나는 경우가 있다는 보고도 있지만 적어도 포유류의 대부분에게

---

29 stroke, 흔히 중풍이라고 한다.

적용되는 진실이다.

비록 죽은 세포가 재생되지는 않지만, 인간의 뇌는 가소성^{plasticity}이라는 성질이 있어서 뇌의 특정 영역을 많이 사용하면 그 영역의 시냅스(신경세포와 신경세포 사이에 정보를 교환하는 연결 통로) 연결성이 강화되고 시냅스의 개수도 많아진다. 뿐만 아니라 심지어는 많이 사용하지 않는 뇌 영역을 많이 사용하는 영역이 대체하기도 한다. 뇌가 가소성을 가진다는 사실은 현재 캘리포니아 주립대 샌프란시스코 캠퍼스의 석좌교수로 재직 중인 신경과학 분야의 세계적 석학 마이클 메르체니히^{Michael Merzenich} 교수의 1978년 연구에서 증명됐다.

메르체니히 교수 연구팀은 (다소 잔인하기는 하지만) 올빼미 원숭이의 오른손 가운데 손가락을 잘라낸 다음에 원숭이 대뇌 피질의 감각 영역에 어떤 변화가 나타나는지를 관찰했다. 원숭이의 뇌도 인간의 뇌에서와 유사하게 서로 다른 신체 부위들이 뇌의 서로 다른 영역들에 할당돼 있는데, 올빼미 원숭이의 오른쪽 손가락 5개의 감각을 느끼는 부분은 왼쪽 대뇌 피질의 일차 감각 영역에 각각 일정한 크기를 가지고 배열돼 있다. 메르체니히 교수팀이 오른손 가운데 손가락이 잘려진 원숭이에게 두 번째와 네 번째 손가락에 계속적으로 감각 자극을 주었더니 놀랍게도 두 번째와 네 번째 손가락의 감각을 담당하는 일차 감각영역의 부위가 넓어져서 (이제는 사라진) 가운데 손가락의 감각을 담당하던 영역을 가로채 버렸다. 이 결과는 그 이전까지 사람이나 동물의 뇌는 한번 만들어지면 죽을 때까지 기능의 재구성이 일어나지 않는다는 기존의 학설을 완전히 뒤엎어 버리는 일종의 '패러다임 시프트paradigm shift'와 같은 사건이었다. 갈릴레오 갈릴레이가 지구가 우주의 중심이라는 기존의 통념을 뒤집었던 것처럼 말이다.

뇌 가소성은 성인에게도 나타나지만 주로 뇌 발달이 진행되는 어린 시절에 더 쉽게 발생하는데, 어릴 때부터 청각이나 시각을 잃어버린 사람은 원래 청각이나 시각을 담당하는 부위가 다른 기능을 하는 경우가 많다. 흔히 시각 기능을 상실한 사람은 보지 못하는 대신

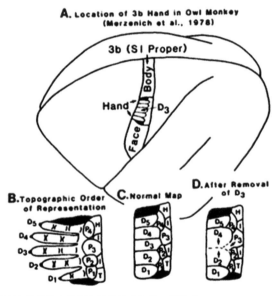

메르체니히 교수의 올빼미 원숭이 실험 결과 논문 그림(출처: Merzenich, M.M.; Kaas, M., M. Sur and C.S. Lin (1978). "Double representation of the body surface within cytoarchitectonic areas 3b and 2 in SI in the owl monkey (Aotus trivirgatus)". J. Comp. Neurol. 181:41-73): C 그림에서 가운데 손가락에 해당하는 뇌 부위인 D3영역이 손가락이 제거된 뒤인 D 그림에서는 D2와 D4에 의해 잠식된 것을 볼 수 있다.

에 듣는 능력이나 촉감 등의 다른 감각이 보통 사람들보다 더 발달한 경우가 많은데 이는 사용하지 않는 대뇌 영역의 일부를 다른 감각이 사용하기 때문이다.

다시 뇌졸중 이야기로 돌아와서, 뇌졸중에 걸려 오른쪽 팔의 움직임을 관장하는 왼쪽 뇌의 운동 영역이 손상된 환자를 가정해 보자. 이 환자는 오른쪽 팔을 움직이는 명령을 내릴 수 없기 때문에 오른쪽 팔의 신경과 근육이 그대로 살아있음에도 불구하고 팔을 전혀 움직일 수가 없다. 이런 경우에 재활의학과에서는 물리치료사나 기계가 오른쪽 팔을 계속해서 움직여주는 재활 훈련을 실시한다. 팔을 움직이면 오른쪽 팔의 감각이 뇌로 전달되고 뇌의 감각 영역은 사라져 버린 오른쪽 팔의 운동 영역으로 다시 전기 신호를 보내려고 노력한다. 팔의 현재 움직임에 대해 뇌가 다시 반응할 기회를 주는 것이다. 이 훈련을 계속해서 반복하면 앞선 메르체니히 교수의 실험에서처럼 뇌에서 상대적으로 많이 사용하고 있지 않은 부분에 오른쪽 팔의 운동 기능이 이식될 수 있다.

실제로 뇌 병변의 주위에 소실된 뇌 부위가 담당하던 기능이 새로이 형성된다는 뇌 기능 영상 연구들이 계속해서 발표되고 있다. 이런 뇌 가소성을 살리는 훈련은 뇌 기능을 잃어버린 뒤 아주 빠르게 진행해야 하는데, 시간이 오래 지나 버리면 사람의 뇌가 주인의 현재 상태에 빠르게 적응해 버리기 때문이다. 즉 가능한 빠른 시간 내에 최대의 훈련 효과를 내야 한다는 말이다. 위의 글을 잘 이해한 독자라면 누구나 쉽게 짐작할 수 있겠지만, 가장 효과적인 재활 훈련 방법은 뇌가 오른팔의 운동과 관련된 뇌 영역을 최대한 많이 호출하도록 하는 것이다. 어떤 기능에 대한 요구가 커지면, 뇌는 그 기능을 하는 영역을 스스로 만들어내기 때문이다. 어떻게 뇌-컴퓨터 접속이 뇌 가소성을 높이는 데 사용될 수 있을까?

현재의 재활 훈련은 몸 밖에서 다른 사람이나 기계가 팔을 움직일 때 환자는 수동적으로 그 훈련을 받아들이기만 한다. 만약 환자가 오른팔을 움직이고 싶다는 생각을 할 때, 그 생각을 읽어서 기계가 팔을 움직이게 하면 어떨까? 오른팔을 움직이고 싶다는 생각을 하면 뇌가 '오른팔을 움직이라'는 명령을 내리기 위해서 오른팔의 운동영역을 찾게 되니까 단순한 팔의 움직임에 의한 뇌활성화보다 더 크고 많은 뇌활성을 유도할 수 있을 것이다. 이 이론은 fMRI 연구를 통해 규명되었는데, 단순히 수동적으로 팔이 움직일 때보다, 팔을 움직이는 상상을 같이 하면 더 큰 뇌 활성이 발생한다는 사실이 증명됐다.

뇌-컴퓨터 접속을 이용한 신경재활 연구의 선두에 서 있는 싱가포르 대학교의 구안Guan 교수 연구팀은, 2013년에 뇌파 신호를 읽어서 왼쪽 뇌의 운동영역이 손상된 뇌졸중 환자의 재활 훈련을 돕는 방법을 썼을 때 기존 방법보다 더 뛰어난 효과를 봤다고 발표했다. 이후에 우리 연구팀을 비롯한 많은 재활공학 연구소와 대학에서도 이 기술을 실용화하기 위해 연구하고 있다. 뇌-컴퓨터 접속 기술이 보다 많은 사람들에게 적용될 수 있는 가능성이 열리고 있는 것이다.

컴퓨터가 부리는 독심술

감성 인터페이스

Engineering for Brain,
Brain for Engineering

"주인님, 지금 너무 일을 많이 하고 있습니다. 스트레스 수치도 위험 수준에 가까워지고 있습니다. 잠시 쉬시는 것이 어떨까요?"

책상 위에 올려놓은 스마트폰 비서가 나에게 휴식을 제안한다.

"그럴까? 그럼 휴식 모드 시작해."

말이 떨어지기가 무섭게 스마트폰에서 흥겨운 최신 음악이 흘러나오기 시작한다.

이것은 SF영화에 등장하는 설정이 아니다. 2012년 미국 MIT의 솔로베이^{Solovey} 교수 연구팀은 이마에 부착하는 근적외선분광 센서로 사용자의 정신적 업무량을 측정하고 휴식이 필요한지를 알려주는 장치를 개발했다고 발표했다. 2010년 그리스 아리스토텔레스대 바미디스^{Bamidis} 교수팀은 뇌파 센서를 이마에 부착해 유쾌한 감정과 불쾌한 감정을 80% 이상의 정확도로 읽어내는 데 성공했다. 뇌공학이 발전하면서 기계가 사람의 감정을 읽고 반응하는 데 성공하고 있다.

인터페이스의 진화

과학 기술이 발전함에 따라 사람이 기계나 컴퓨터와 교류할 수 있는 수단인 '인터페이스'도 빠르게 진화하고 있다. 키보드가 유일한 입력수단이었던 초기 개인용 컴퓨터에 마우스가 보급되고 40여 년이 지난 지금, 인터페이스 분야의 새 화두는 인간의 '감정'이다. 2012년 4월 마이크로소프트의 키넥트[KINECT] 개발 총책임자인 앤드류 블레이크[Andrew Blake] 박사는 "다음 세대의 인터페이스는 사람의 뇌를 이용하는 방식이 될 것"이며, "새로 출시할 '뉴 엑스박스' 게임기에 이 기능이 포함될 가능성이 있다"고 밝혔다. 기존의 키넥트는 사용자의 움직임을 인식했다.

우리 몸은 감정에 따라 미세하게 변한다. 흥분을 하거나 긴장하면 심장 박동이 빨라지거나 손발에 땀이 나고, 몸과 목소리가 미묘하게 떨린다. 이런 생리적인 변화는 우리의 뇌가 반응해서 일어나는 것이기 때문에 뇌의 신경신호에서도 미세한 감정 변화를 찾아낼 수 있다. 2008년 호주의 이모티브^{EMOTIV}사는 뇌파를 이용해서 사용자의 흥분, 지루함, 당혹감과 같은 감정 상태를 읽어내 게임 속 캐릭터의 표정이나 행동을 바꿔 주는 새로운 게임 인터페이스 장치를 개발했다. '에폭^{EPOC}'이란 이 기계는 이미 전 세계에 수만 대가 보급됐고 최근에는 스마트폰이나 스마트패드와 연결해서 사용할 수 있는 앱으로 개발됐다.

어디까지 왔나?

단지 감정을 읽기 위해 선이 주렁주렁 달린 모자를 쓰거나 큰 기계에 들어가야 한다면 누구도 이런 기계를 쓰지 않을 것이다. 오늘날에는 전자공학과 반도체 기술의 발달로 새끼손톱보다 작은 칩 하나로 사람의 감정과 상태를 읽는 것이 가능하다. 작은 칩 하나에 생체신호의 증폭부터 디지털 변환, 잡음 제거 등 여러 기능을 넣을 수 있는 '시스템 온 칩³⁰ 기술의 발전 덕분이다. 이마에 붙이는 작은 스티커나 가벼운 헤드셋만으로 뇌의 신호를 읽어 무선으로 컴퓨터나 스

---

30 System on a Chip: SoC라고 하며 칩 하나가 하나의 시스템을 포함하는 맞춤형 반도체다.

마트폰에 전송할 수 있다. 뇌 신호를 전송받은 스마트폰 비서는 주인의 기분이나 감정 상태에 맞게 기분전환용 음악을 들려주고, 길거리의 전자식 광고판에 스트레스 해소에 도움이 되는 최신 영화 정보를 띄울 수도 있다. 10년 뒤에는 멋있게 생긴 헤드셋을 머리에 착용하고 다니는 것이 젊은 세대의 새로운 패션 트렌드가 될지도 모른다.

뇌에서 발생하는 신호를 머리 밖에서 측정하는 방법의 궁극적인 진화 모습은 바로 머리에 직접 전극을 부착하지 않고 머리카락 위에서 뇌의 전기 신호를 측정하는 것이다. 이런 측정 전극이 있다면 우리가 흔히 쓰고 다니는 야구 모자에 전극을 붙여 놓고 단지 머리에 뒤집어 쓰는 것만으로 뇌에서 발생하는 신호를 읽을 수 있을 것이다. 머리의 피부 표면에 붙이지도 않았는데 어떻게 뇌의 전기 신호 측정이 가능할까?

그 비밀은 바로 용량 결합capacitive coupling이라는 현상에 있다. 용량 결합이라는 현상은 서로 다른 전위차를 가지고 있는 두 개의 떨어진 도체 사이에 에너지가 전달되는 현상이다. 시간에 따라 전위차가 변하지 않고 일정하게 유지되는 경우에는 에너지의 전달이 일어나지 않지만 두 도체 사이에 형성된 전위차에 시간에 따른 변화가 생기면 한 도체가 가지고 있는 에너지가 다른 도체로 전달된다. 사람의 몸은 전기가 비교적 잘 통하는 도체[31]다. 살아 있는 사람의 뇌에서 발생하는 전류의 흐름은 매우 빠르게 변하기 때문에 머리 밖에 전극을 가져다

---

[31] 도체가 아니라면 사람이 감전될 리가 없다.

놓으면 용량 결합 현상에 의해 머리 밖 전극에 에너지가 전달되는데 이것을 측정하면 머리 속의 전기 흐름을 측정할 수 있다.

문제는 머리 속의 전류 흐름이 아주 약해서 전극에서 측정되는 신호도 아주 미약하다는 것이다. 아직 기술적으로 해결해야 할 문제들이 많이 남아 있지만, 이 분야에서 우리나라 연구진들의 약진은 눈여겨볼 만하다. 최근 국민대학교 이승민 교수 연구팀은 뇌에서 발생하는 전기 신호를 아주 높은 감도로 측정할 수 있는, 용량 결합과 접촉식 전극의 하이브리드 측정 방식을 개발해 세계적으로 주목을 받았다. 이승민 교수는 앞으로 빠르면 10년 이내에 간편한 스티커 형태의 전극을 머리에 붙여서 뇌파를 측정할 수 있는 시스템이 완성될 것이라고 예상한다.

미국 뉴로포커스Neurofocus사는 자체 개발한 휴대용 뇌 신호 측정 장치로 고객의 잠재의식과 제품에 대한 선호도를 읽어 마케팅과 제품 개발에 활용하고 있다. 설문 조사는 조사 대상의 경험, 이해관계, 편견 등이 반영되기 때문에 정확도가 떨어진다. 하지만 뇌는 우리가 이성적인 판단을 내리기 이전에 이미 감성적으로 반응하기 때문에 이를 읽어내면 더욱 객관적인 선호도를 알아낼 수 있다는 것이다. 이것이 사람의 잠재의식과 감정을 읽어서 마케팅에 활용하는 '뉴로마케팅'이라는 새로운 분야다.

유명 의류브랜드 '갭Gap'이 수십 년간 사용해 온 로고를 바꾸려다가 뉴로마케팅 조사를 통해 현재 로고를 유지하기로 했다는 일화는 대표적인 사례로 꼽힌다. 직사각형 바탕에 흰색 글씨로 'GAP'이라고 쓰여진 로고는 30년 이상 중저가형 의류브랜드의 대표주자인 '갭'을 상징해 왔다. 하지만 2008년 말 미국의 부를 상징하던 금융회사 중 하나인 '리만 브라더스'가 파산하면서 전 세계적인 금융 위기가 시작되자 30년간 지켜온 '갭' 브랜드의 아성도 흔들리기 시작했다. 사람들은 경제적으로 어려움을 겪게 되면 보통 의식주 중에서 '입는 것'의 소비를 가장 먼저 줄이는 경향이 있다. 거기에 더해서 중국, 인도 등의 의류 브랜드들이 주문생산 과정을 통해 확보한 기술력을 바탕으로 점차 중저가 의류 시장을 침범하기 시작하자, '갭' 브랜드는 새로운 활로를 찾아야 하는 상황에 놓이게 됐다.

2009년, '갭'의 수뇌부들은 쇄신의 의미로 30년간 사용해 오던 로고를 바꾸기로 결정한다. 의류 브랜드에서 로고가 차지하는 비중이 워낙에 크다 보니 새로운 로고를 선정하기 위해 많은 사람들을 대상으로 한 설문 조사가 선행됐음은 물론이다. 그런 과정을 통해서 다음 그림에서 보는 것처럼 대문자 'G' 옆에 소문자 'ap', 그리고 마지막에 작은 사각형이 배치된 것이 최종 로고 후보로 결정됐다. 최신 글

'갭'이 바꾸려고 했던 로고의 형태(출처: 뉴로가젯, www.neurogadget.com)

자체와 작은 사각형 포인트, 그리고 사각형 배경에 있는 대각선 방향 그라데이션(색이 점차적으로 변하는 것)은 분명히 밋밋한 단색 배경에 올드한 글자체가 새겨진 과거 로고보다 현대적이고 세련돼 보인다. 하지만 설문조사에 참가한 사람들은 자신들이 선호하는 로고를 선택할 때, 로고 자체에 대한 느낌이나 선호도보다는 '갭이 로고를 바꾸려고 한다'는 사실을 의식하게 되고 이런 의식은 로고에 대한 선호도 조사의 정확도에 영향을 끼칠 수밖에 없다. 조사 참가자들은 펜을 들어 선호하는 로고 아래의 작은 네모칸에 엑스자 표시[32]를 할 때까지 여러 가지 생각을 하고 망설임을 거듭한다. 선택하기 전에 가지는 이런 시간은 보통 자신의 선택을 정당화하기 위한 명분을 만드는 데 이용된다. "이 로고는 이러이러한 이유 때문에 더 좋은 것 같아"라는 스스로의 명분을 만들어야만 이후에 "그 때의 내 선택은 옳았어"라는 자기 위안이 가능하기 때문이다.

회사의 집행부는 이런 전통적인 방식의 설문조사에만 회사의 명운이 달린 결정을 맡길 수는 없었다. '갭'은 조사대상의 경험이나 이성적인 판단에 좌우되지 않고 '우리의 뇌가 더 좋다고 느끼는' 로고를 찾아달라고 뉴로포커스사에 의뢰했다. 우리 뇌에서 정보를 처리하는 과정을 살펴보면 어떤 자극을 접하고 처음 300밀리초 이전에 일어나는 반응들은 대부분 우리의 이성적인 판단에 무관하게 나타나며,

---

[32] 미국에서는 선택을 할 때 동그라미 대신 엑스자 표시를 주로 한다.

300밀리초 이후의 반응들은 우리의 판단에 따라 다르게 나타난다. 뇌파에서 300밀리초 이전의 반응은 대부분 유발전위evoked potential라고 부르며 이후 반응은 사상관련전위event related potential라고 부르는 이유다. 뉴로포커스사가 보유한 핵심 기술은 뇌가 자극을 받아들이고 우리의 의식 중추로 신호를 전달하기 전 시간대인 300밀리초 이전에 발생하는 뇌의 반응을 관찰하면 '정말 우리 뇌가 좋아하는 것'을 알아낼 수 있다는 가정에서 출발한다. 즉 우리 뇌에 있는 '잠재의식'을 읽을 수 있다는 의미다. 뉴로포커스사에서 분석한 로고의 선호도 조사 결과는 아주 흥미로왔다. 설문조사의 결과와 완전히 반대의 결과가 나왔던 것이다. '갭'의 새로운 로고는 전통적인 로고에 비해 우리의 뇌가 더 스타일리시하게 느끼지도 새롭게 느끼지도 않는다는 결론이 도출됐다. 독자 여러분들이 이미 알고 있는 것처럼, 오래된 로고가 아직까지도 쓰이고 있음은 물론이다. 이와 같은 조사 컨설팅을 통해서 뉴로포커스사는 2010년에만 3,400만달러(약 350억 원)의 이익을 냈다. 뉴로포커스사는 이후에 세계적인 마케팅 회사인 닐슨Nielsen에 인수합병이 됐고 현재는 닐슨 내에서 신경과학을 접목해서 소비자 성향을 분석하는 독립적인 부서로 활동 중이다.

최근 들어 사람의 감성에 호소하는 마케팅이나 오감을 자극할 수 있는 제품이 많은 소비자들의 사랑을 받고 있다. 필자가 개인적으로 가장 존경하는 사람 중 하나인, 지금은 고인이 된 스티브 잡스Steve Jobs는 살아 생전 '혁신'의 대명사로 불려왔지만, 필자는 스티브 잡스의

'혁신' 자체보다 그가 만든 '작품'의 완성도와 그 속에 녹아 들어 있는 '감성'적인 면을 더 높게 평가한다. 일례로, 애플사의 스마트폰이나 스마트패드를 사용하는 이용자라면 필자가 앞으로 하게 될 이야기를 읽고, '그러고 보니 그런 것 같기도 하네'라는 생각을 하게 될 것이다.

일반적으로 스마트폰에 사용되는 프로세서의 성능이 좋아지면 새로 출시되는 제품의 동작 속도가 빨라지는 것은 일종의 상식이다. 최신의 프로세서를 사용하는 요즘 스마트폰은 손가락을 가져다 대는 순간 반응한다. 하지만 애플사의 스마트폰은 10년 전에 나온 제품과 현재의 제품에서 아이콘을 클릭한 다음 화면이 전환되는 속도에 큰 변화가 없다. 재미있게도 화면 전환 속도를 초고속 카메라를 이용해서 측정해 보면 아이콘을 터치한 다음 정확하게 200밀리초만큼 잠깐 멈췄다가 이동하도록 설정돼 있다. 왜 그럴까? 애플사에서 직접 이유를 밝힌 적은 없지만, 신경과학을 연구하는 필자가 생각하는 이유는 다음과 같다.

우리가 기계에 어떤 조작 명령을 내린 뒤, 기계에서 시각적인 반응(시각 피드백이라고 한다)이 나타날 때, 이 반응이 지연된 것인지를 인식하는 것에 대한 연구 결과가 최근 발표됐다. 놀랍게도 대부분의 사람이 평균적으로 어떤 시각 반응이 지연됐다는 것을 느끼는 마지노선이 되는 시간이 바로 200밀리초 부근이다. 스티브 잡스와 그의 동료들은 200밀리초보다 빠른 반응은 사용자가 시간 지연을 느낄 수 없고, 시간 지연이 200밀리초보다 더 커지면 오히려 사람들이 불쾌감을 느낄 수 있기 때문에, 그 경계가 되는 200밀리초로 '의도적인' 시간 지연을 준 것이다. 이런 설정을 통해서 사람들이 "과거" 아날로 그 기계의 버튼을 누르고 잠시 후에 기계가 작동되던 장면을 자연스럽게 떠올리기를 바랐던 것이다.

이와 같은 감성공학 연구에서도 뇌공학이 중요한 수단을 제공하고 있다. 우리 연구팀에서는 공간마우스(스마트TV의 리모콘으로 마우스 커서를 조작하는 사례를 떠올리면 된다)를 조작할 때, 마우스의 조작과 마우스 커서의 이동 사이에 시간 지연이 있으면 사용자들이 얼마나 불쾌감을 느끼는지를 뇌파 분석을 통해서 알아보는 연구를 했다. 애플사의 사례에서와는 달리 연속적으로 조작해야 하는 마우스는 스마트폰의 화면전환 속도보다 훨씬 더 빠른 80밀리초부터 사용자의 불쾌감이 크게 증가하는 결과를 얻을 수 있었다. 이런 반응은 전두엽에서 측정되는 세타파(4-7 Hz의 진동수를 가지는 뇌파)의 변화를 관찰해서 확인할 수 있었는데 이는 일반적으로 만족도와 관계된 뇌의 영역으로 알려진 내측안와전두피질medial orbito-frontal cortex: mOFC의 활동과도 관계돼 있다. 우리 연구팀에서는 최근 기계학습machine learning 기술을 뇌파나 생체신호에 접목해서 소비자의 감정 변화를 추적하는 기술도 개발하고 있다. 2022년에는 국내에서 출시된 고급 세단에 탑재된, 운전자의 감정 이완 시스템이 실제로 효과가 있는지를 기계학습을 이용한 뇌파 분석을 통해 확인하기도 했다.

그런가 하면, 최근 필자는 영화나 드라마와 같은 영상물을 뇌파를 이용해서 평가하는 새로운 방법을 연구하고 있다. 최근 매체가 다양화되면서 영화 관람 이전에 이미 영화를 본 관객들이 포털사이트나 영화 예매 사이트에 올려 놓은 관람평이나 평점을 참고해서 영화를 선택하는 사람들이 늘어나고 있다. 당연한 얘기지만 영화 평점은 개인의 취향에 크게 좌우될 수밖에 없고 심지어는 동시에 개봉한 경쟁 영화의 배급사에서 '알바'를 동원해 상대 영화의 평점을 조작한다는 괴담 아닌 괴담도 있다. 영화를 제작하는 감독이나 제작자도 영화 개봉 전에 영화에 대한 일반 관객들의 반응을 알고 싶어하는 것은 극히 자연스러운 일이다. 보통은 영화 상영 전에 전문가나 선택된 일반 관객들을 대상으로 영화 시사회를 개최한다. 기본적으로 영화를 본 관객들을 대상으로 설문조사를 실시하지만, 영화 상영 중에 처음 스마트폰을 꺼내 든 시간을 측정하거나 졸고 있는 관객의 수를 세는 방법을 사용하기도 한다. 이같은 기존의 영화 선호도 또는 몰입도 측정 방법들은 공통적인 문제점이 있는데, 바로 영화가 상영되는 동안에 시간에 따른 관객의 감정이나 집중도 변화를 평가할 수 없다는 것이다. 필자는 뇌공학 기술이 이러한 문제를 해결할 수 있을 것으로 기대한다. 필자는 행복한 감정을 느끼게 하는 5분 짜리 영상물과, 비슷한 길이의 공포 영상물을 32개의 뇌파 측정 전극을 부착한 남, 여 대학생 20명에게 틀어 줬다. 행복한 감정을 느끼게 하는 영상물은 동영상 공유 사이트인 유튜브^{YouTube}에서 350만 회 이상의 조회수를 기록한 〈이삭의 립싱크 프로포즈〉 영상(www.youtube.

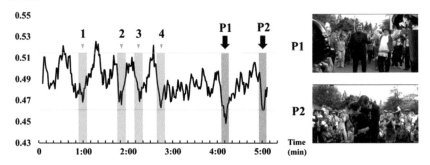

우리 연구팀이 행한 영화 실험 결과-영화를 보는 동안 청중의 뇌 반응을 관찰할 수 있다.

com/watch?v=5_v7QrIW0zY)을 사용했고, 공포심을 유발하는 영상물은 영화 〈주온〉에서 귀신이 등장하는 장면을 자연스럽게 편집한 영상을 사용했다. 우리는 뇌의 서로 다른 부분들 사이의 동기화[33]에 주목했다. 보통 우리가 무언가를 생각할 때, 예를 들어 '이건 무슨 장면이지?', '이 다음 장면은 무엇이 될까?'와 같이 뇌가 '인지 과정cognitive process'을 수행하고 있을 때는 뇌의 여러 부분 사이의 동기화가 증가한다는 사실은 잘 알려져 있다. 그런데 어떤 영화 장면에 몰입해서 기쁨, 슬픔, 공포와 같은 감정을 느낄 때는 소위 말하는 '생각이 없어지는' 상태가 되는 것을 누구나 한 번쯤은 경험해 봤을 것이다. 우리 연구팀은 뇌의 동기화를 측정하는 지표[34]를 실시간으로 추적하면 관객이 영상에서 인상적이고 몰입되는 장면을 볼 때, 이 지표가 감소할

----

33 synchronization, 여러 신호가 유사한 패턴을 가지는 현상
34 우리 연구팀은 전역 뇌파 동기화 지표(GFS)라는 것을 사용했다.

리처드 램천이 제작한 영화 '더 모멘트'의 포스터. '뇌로 제어하는 영화'라는 문구가 이색적이다.

것이라는 가설을 세웠다. 뇌파 분석 결과는 매우 성공적이었다. 동기화 지표가 크게 감소하는 시점은 설문 조사 결과 가장 인상적이었던 장면 시간들(그림에서 P1, P2)과 매우 잘 일치했다. 영상에 대한 몰입도와 감정 변화를 시간의 흐름에 따라 추적할 수 있는 길이 열린 것이다. 이 기술은 뮤직비디오나 티비 광고를 미리 평가하거나 영화 장면을 편집하기 위한 용도로도 활용될 수 있을 것이다. 가까운 미래에는 포털사이트의 수치화된 영화 평점 대신에 영화의 몰입도, 공감도 그래프를 보고 영화를 선택하게 될지도 모른다.

그런가 하면 사용자의 감정을 읽어서 영화의 스토리를 알아서 바꿔주는 방식도 시도된 적이 있다. 미국의 영화감독인 리처드 램천

Richard Ramchurn은 2018년에 〈더 모멘트The Moment〉라는 제목의 독립 영화를 발표했다. 이 영화를 보기 위해서는 각자 랩탑이나 컴퓨터 앞에 앉아서 뇌파 헤드셋을 머리에 착용해야 한다. 뇌파 헤드셋은 관객의 집중도와 심신 안정도를 측정한 다음에 이를 바탕으로 영화의 배경음악, 등장인물, 스토리를 시시각각 바꿔준다. 램천 감독은 27분 분량의 영화를 만들기 위해서 무려 75분 분량의 영상을 미리 촬영했는데 관객은 자신의 뇌 상태에 따라 무려 101조 개의 다른 영화를 볼 수 있다고 한다.

감성 인터페이스의 미래는?

오늘날의 감성 인터페이스 기술은 단순한 기쁨, 역겨움의 감정을 읽어내는 것에서 더 나아가 사람의 긍정, 부정 감정도 알아낼 수 있는 수준에 도달했다. 이런 기술이 더욱 보편화된다면 자폐증 아동이나 커뮤니케이션 불안증 환자들이 가정에서 기계와 감정을 교류하며 치료를 받는 일도 가능해질 것이다.

감성 인터페이스 기술을 이용하면 노인 치매 환자들의 정신적 부담감을 측정해서 자동으로 난이도나 콘텐츠를 바꿔주는 '스마트'한 인지재활 장치도 개발할 수 있다. 이미 일본 등의 기술 선진국에서는 사용자의 마음을 반영하는 가전기기를 개발하기 위해 뇌공학자들에게 대대적인 투자를 아끼지 않고 있다.

하지만 이같은 기술이 당장 구현되기에는 아직 풀어야 할 숙제들이 많이 남아 있다. 뇌파로부터 감정과 뇌의 상태를 읽어내는 기술의 대중화를 가로막고 있는 가장 큰 장애물은 뇌파 신호의 개인 간 차이다. 뇌파 지표 중에서 가장 널리 활용되는 지표는 전두엽 알파 비대칭성 지표[35]다. 측정 대상이 부정적인 감정을 가질 때는 좌반구 알파 활동이 증가하고 긍정적인 감정을 가질 때는 우반구 알파 활동이 증가한다는 사실은 많은 실험을 통해 잘 알려져 있다. 수많은 학술 논문에서 이런 현상을 보고해 왔지만 실제로 실험을 해 보면 실험 대상의 약 80%에서만 이러한 경향이 관찰된다. 이는 보통 '통계의 오류'로 불리는 현상인데 현재 과학계에서 사용하고 있는 통계적 방법에서는 20% 정도의 사람들이 반대 경향을 보이더라도 충분히 통계적으로 '의미 있는' 경향성을 보고할 수 있다. 이같은 큰 개인차는 뇌파를 이용해서 개인별로 뇌 상태를 측정하는 방식의 신뢰도를 낮추는 중요한 원인이 된다.

더 큰 문제는 이런 이유들 때문에 대기업들이 선뜻 휴대용 뇌파 측정기를 이용한 감성 측정 시장에 뛰어들지 못한다는 점이다. 만약 대기업이 출시한 휴대용 뇌파 측정기를 80%의 사용자만 활용할 수 있다면 어떤 일이 발생할까? 곳곳에서 환불 요청이 빗발칠 것이고 소비자 단체는 제품의 판매 중단을 요구할 것이다. 대기업의 신뢰도가

---

35 좌측 전두엽과 우측 전두엽에서 측정되는 알파파 사이의 차이

추락하는 것은 자명한 일이다. 측정된 뇌파 신호의 개인차를 해결하는 가장 이상적인 방법은 개인차가 없거나 매우 적은 새로운 뇌파 지표[36]를 개발하는 것이지만 많은 연구자들의 노력에도 불구하고 아직까지 이런 뇌파 지표는 보고된 적이 없다. 또 다른 방법은, 개인 맞춤형 뇌파 지표를 찾는 방식으로 착용한 뇌파 측정 기계가 자동적으로 개개인에게 가장 적합한 뇌파 지표를 찾아 주는 방법이다.

최근 '라이프로깅lifelogging'이라는 용어가 심심찮게 등장하고 있다. 라이프로깅이라는 신조어는 과거 '데이터로거data logger'라는 용어에서 유래됐는데 시간의 흐름에 따라 지속적으로 데이터를 수집하는 기계를 뜻한다. 라이프로깅이란 데이터로거처럼 어떤 사람의 일상 생활 중의 모든 행동이나 생체 반응의 변화를 지속적으로 기록하는 것을 뜻한다. 웨어러블 컴퓨터처럼 몸에 착용하고 다니는 기계를 이용하면 한 사람의 모든 생활을 기록하는 것이 가능하다. 일상 생활 중에 뇌파 측정기를 항시 착용하고 다니면 뇌 활동의 라이프로깅을 통해서 이 사람이 어떤 환경에 있고 어떤 활동을 할 때 어떤 뇌파가 발생하는지를 알아내는 것이 가능하다. 우리 연구팀을 비롯한 많은 전세계 연구진들은 이러한 분석을 통해 개개인에게 가장 적절한 뇌파 지표를 자동으로 찾아주는 기술을 개발하고 있다.

뇌파를 이용한 뇌 상태 해독의 신뢰도를 높이기 위해서 뇌파 이

---

36 측정된 뇌파 신호를 컴퓨터로 조작해서 뇌파에 담긴 특징을 수치화한 것

외의 다양한 생체신호를 함께 사용하려는 시도도 있다. 우리 연구팀에서는 뇌파뿐만 아니라 얼굴 주위에서 발생하는 다양한 생체신호(맥파, 체온, 피부전도도 변화)도 측정이 가능한 웨어러블 장치를 개발하고 있다. 맥파를 통해서는 심장박동의 변화를 알아낼 수 있는데, 특히 심장 박동의 시간에 따른 변화를 관찰하면[37] 신체의 교감신경과 부교감신경의 활성 정도를 알아낼 수 있다. 체온도 우리 감정 상태를 잘 반영하는데 우리 체온은 36.5도로 알려져 있지만 감정 상태에 따라 1도 정도의 변화를 보인다고 알려져 있다. 화가 날 때 얼굴이 붉어지고 얼굴이 화끈거리는 경험은 누구나 해 봤을 것이다. 이 때 체온을 측정해 보면 실제로 체온이 급격히 상승한다. 피부전도도는 땀에 의해서 달라지게 되는데, 땀이 나면 피부의 전기전도도가 증가한다. 전기가 더 잘 흐르는 상태가 된다는 의미다. 우리 몸에서 땀이 많이 나는 곳은 여러 곳이 있지만 얼굴 부근에서는 귀 뒷부분이 땀이 많이 나는 곳 중 하나다. 안경 형태로 생긴 피부전도도 측정 장치를 이용하면 우리 몸의 긴장도를 측정할 수 있다. 이런 보조 데이터를 이용하면 뇌파만 사용할 때보다 더욱 정확하게 우리 감정과 뇌 상태를 알아내는 것이 가능하다.

타인의 감정을 추론하는 것은 인간이 가진 고유한 능력 중 하나다. 우리는 타인의 표정, 몸짓, 시선, 목소리 등을 통해 타인의 불안

---

37 심장 박동 변화율이라고 한다.

감, 만족도, 선호도, 이해도와 같은 다양한 감정을 추론하며 이는 원만한 인간관계를 유지하는 데 있어 필수적이 능력이다. 인젠가 인간의 감정을 가진 기계가 개발된다면 기계가 우리의 뇌로부터 감정을 읽고 교감할 수 있는 날이 오게 될 것이다.

내 머릿속의 매트릭스

자가발전 브레인 임플란트

Engineering for Brain,
Brain for Engineering

모피어스의 양 손엔 아름다운 거짓 현실에 안주할 수 있는 파란 알약과, 힘들지만 진실을 볼 수 있는 빨간 알약이 있다. 빨간 알약을 선택한 네오가 매트릭스에서 깨어나는 순간 그의 눈앞엔 충격적인 장면이 펼쳐진다. 수많은 캡슐 속에 누워 잠든 사람들은 몸에 연결된 몇 개의 케이블을 통해 끊임없이 기계에 전력을 공급하고 있었다.

SF영화를 좋아하는 독자라면 누구나 보았을 영화 〈매트릭스〉의 가장 극적인 장면 중 하나다. 이 책을 읽는 예비 과학자들은 이 장면을 보며 '사람의 몸에서 기계를 구동할 수 있는 전기 에너지를 뽑아내는 것이 과연 가능할까'라는 의문을 가져봤을지도 모르겠다. 결론부터 말하자면 실제로 가능한 일이고, 그것도 여러 가지 방법으로 가능하다. 기술적으로는 (영화에서처럼) 우리 몸의 세포가 활동할 때

발생하는 전류를 직접 추출해낼 수도 있지만 이런 방식은 효율이 매우 낮아서 실용적이지 않다.

2012년 라훌 사페쉬카$^{Rahul\ Sarpeshkar}$ MIT 전기공학과 교수팀은 인체의 대사과정에서 생기는 물질인 글루코오스^{glucose}로부터 수백 마이크로와트(μW)의 전기 에너지를 얻어낼 수 있는 초소형 글루코오스 연료전지를 개발하는 데 성공했다고 발표했다. 이 기술이 중요한 이유는 세포의 효소 반응을 모방한 이 연료 전지를 이용하면 뇌에 이식한 브레인 임플란트 장치를 배터리나 충전기 없이도 구동할 수 있어 궁극적으로 뇌와 하나가 된 반영구적 기계 장치를 만들 수 있기 때문이다.

브레인 임플란트의 역사

우리나라에서는 '임플란트'를, 빠진 치아를 대체하는 인공 치아를 뜻하는 말로 주로 사용한다. 하지만 본래 의미는 신체에 이식하는 기관(또는 조직)의 대체물이나 기계장치란 뜻이다. 아직 뇌 기능의 일부를 대체할 수 있는 임플란트는 없지만 뇌기능 조절이나 뇌질환 치료를 위한 브레인 임플란트 장치는 이미 30여 년 전부터 쓰이고 있다. 가장 대표적인 브레인 임플란트 장치는 심부뇌자극^{DBS} 장치다. 이 장치는 뇌의 심부(예를 들어 시상하핵)에 가늘고 긴 바늘을 찔러 넣고 펄스^{pulse} 형태의 전류를 흘려 보내 뇌 활동을 조절한다. 파킨슨병, 강박증, 뚜렛증후군(틱장애), 만성통증 등의 치료에 탁월한 효과가 있는 것으로 알려져 있다.

아직은 우리 몸 속에 (특히 뇌 속에) 전자 장치를 삽입하는 시술에 대한 거부감이 많지만 의외로 매우 많은 사람들이 심부뇌자극 장치와 같은 임플란트 장치를 삽입하는 수술을 받고 있다. 국내에서만 매년 수백 명의 환자가 심부뇌자극 장치를 이식받고 있는데, 수술 비용은 5,000만 원에 달한다고 한다. 그렇다면 이 장치의 제조 단가는 얼마나 될까? 많아야 500만 원 미만이라고 보는 것이 맞다. 무려 10배

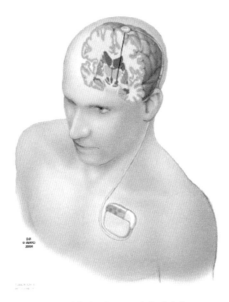

심부뇌자극 브레인 임플란트 장치(출처: 메드트로닉 홈페이지)

의 부가가치가 만들어지는 것이다. 하지만 의료기기 분야에서는 휴대폰이나 컴퓨터의 경우에서처럼 단순히 제조 단가를 가지고 '가격 거품이 심하다'라는 불평을 해서는 안된다. 왜냐면 이 제품의 가격에는 이 기술을 개발하기 위해 들인 엄청난 개발비와 안전성과 효능을 검증하기 위한 장기간의 동물 실험, 인체를 대상으로 하는 임상 시험 비용이 모두 포함돼 있기 때문이다. 그럼에도 불구하고 의료기기 산업은 모든 산업 분야 중에서 가장 부가가치가 크고 영업이익률이 큰 산업 분야다.

보통 의료기기 분야의 최종 소비자는 일반인이 아니라 병원이기 때문에 독자들이 자주 접하지는 못하지만 의료기기 시장 규모는 휴대폰 시장보다 더 크다. 새로운 의료기기나 의료기술을 개발하는 학문 분야를 바이오메디컬공학[38]이라고 하는데 이 분야는 현재 미국에서 가장 활발히 새로운 학과가 생겨나고 있는 분야이기도 하다. 현재 미국 대부분의 주요 대학에는 바이오메디컬공학과가 있지만 그 중 절반 이상이 만들어진지 15년이 채 지나지 않는 신생 학과다. 미국 바이오메디컬공학과는 공대의 모든 학과 중에서 가장 들어가기 어려운 학과인데 일부 대학에서는 경쟁률이 20:1이 넘을 정도다.[39] 바이오메디컬공학과가 이렇게 인기가 좋은 이유는 어찌 보면 당연한데 미국 대학 졸업생 중 가장 높은 연봉을 받는 학과가 바로 바이오메디컬공학과이기 때문이다. 이에 비해 우리나라에서는 이 분야가 상대적으로 많이 알려져 있지 않다. 그 이유는 미국이 세계 의료기기 시장의 50%를 장악하고 있는데 비해 우리나라는 세계 시장에서 3% 내외의 낮은 시장 점유율을 기록하고 있기 때문이다. 다행스러운 것은 최근 들어 헬스케어 산업에 대한 관심이 커지면서 굴지의 대기업들이 새로운 먹거리 산업으로 의료기기 산업을 선정하고 많은 투자를 하고 있다는 점이다. 독자 여러분들도 미래 발전 가능성에 투자한다면 바이오메디컬공학 분야에 좀 더 많은 관심을 기울여 주었으면 하는 개인적인 바람이다.

---

38 biomedical engineering, 우리 나라에서는 생체공학, 의공학 등으로도 불린다.
39 보통 미국 대학에서는 이런 경쟁률을 상상할 수도 없다.

심부뇌자극 장치는 기술의 난이도에 비해 중소 업체들의 진입 장벽이 매우 높다. 왜냐면 사람들은 자신의 몸에 지니고 다닐 임플란트를 선택할 때 매우 보수적이 되기 때문이다. 만약 여러분이 머리 속에 자극장치를 이식해야 한다면 5,000만 원에 판매되고 있는 세계 1위 회사 '메드트로닉medtronic'의 심부뇌자극 장치를 이식할 것인지 중국이나 인도 회사가 만든 500만 원짜리 장치를 이식할 것인지를 생각해 본다면 의외로 답은 간단하다. 사람들은 다른 장기에 비해서 뇌나 심장에 대한 수술을 매우 두려워한다. 실제로 잘못된 수술 때문에 죽음에 이를 수도 있기 때문이다.

우리 몸에 전자장치를 임플란트하려는 최초의 시도를 한 사람은 바로 세계 1위 의료기기 회사 메드트로닉의 설립자이자 발명가인 얼 바켄Earl E. Bakken이다. 얼 바켄은 최초의 심장 페이스메이커를[40] 발명한 사람으로 잘 알려져 있다.

얼 바켄은 굴지의 글로벌 기업을 일군 기업가이지만 고등학교 때 공부를 아주 잘한 사람은 아니었다. 추운 겨울로 유명한 미국 미네소타주 헤네핀 카운티라는 미네아폴리스 인근의 시골 마을 출신인 그는 지역 명문 대학인 미네소타주립대에 진학하지 못하고 이름 없는 작은 커뮤니티 칼리지(우리나라로 치면 2년제 전문대학에 해당)에서 전기공학을 전공했다. 그는 2차 세계대전 직후인 1948년에 대학을 졸업

---

40 cardiac pacemaker, 동방결절에 주기적인 전기신호를 가해서 심장이 뛸 수 있게 해 주는 장치

했지만[41] 불황기였던 당시에 그를 고용해주는 회사는 어디에도 없었다. 그는 수십 곳의 회사에서 퇴짜를 맞고 실의에 빠져 바에서 술을 마시는 일이 잦았는데 어느 날 즐겨 가던 작은 바의 긴 테이블에 홀로 앉아 위스키를 마시고 있을 때, 그의 인생을 송두리째 바꾸는 일이 발생한다. 우연한 기회에 그의 왼쪽에 홀로 앉아 실의에 빠진 모습으로 위스키를 마시고 있던 한 남자와 서로의 처지에 대해 이야기를 나누게 됐는데 그는 왈튼 라일헤이[Walton Lillehei]라는 미네소타주립대 병원의 젊은 심장외과 의사였다. 당시 왈튼은 그가 치료하던 심장질환 환자들을 치료할 방법이 없어 너무나 많은 환자들이 죽어가는 현실에 좌절을 느끼고 있었다. 자신의 기술을 쓸 수 있는 기회를 얻지 못해 실의에 빠져 있던 얼은 비슷한 또래의 왈튼과 곧 친해지게 됐고 왈튼은 왜 자신의 환자들이 죽어갈 수밖에 없는지를 얼에게 자세히 설명해줬다. 인체에 대해서 무지했던 얼은 왈튼의 동방결절이 전기신호를 만들어내지 못해 심장이 멎는다는 설명에 자신이 대학 때 설계했던 전기쇼크 무기를 써 보면 어떨까 하는 (당시로서는) 엉뚱한 아이디어를 냈다. 동방결절이 전기신호를 만들어내지 못한다면 전기신호를 몸 밖에서 넣어주면 심장이 다시 뛸 수 있지 않겠느냐는, 누구도 시도해 보지 않은 혁신적인 생각이었다.

왈튼과 얼은 당장 같이 일을 시작하기로 했다. 얼은 매부인 팔머

---

[41] 그의 말에 따르면 그는 회로를 만드는 데 상당한 재주가 있었다고 하고 대학 재학 중에 전기쇼크 무기를 디자인하기도 했다고 한다.

허먼드슬라이^{Palmer J. Hermundslie}의 도움을 받아 시골 아버지 집의 허름한 차고에 회사를 차리고 '메드트로닉'[42]이라는 이름을 붙였다. 이때가 얼이 대학을 졸업한 지 1년이 지난 1949년이었다. 1년여 간의 노력 끝에 사람 키보다도 더 큰, 진공관과 대형 콘덴서가 가득 들어찬 인류 역사상 최초의 심장 페이스메이커가 개발됐다. 흔히 바이오메디컬공학 분야에서는 이 발명을 컴퓨터의 발명에 비견하기도 한다. 당시에는 트랜지스터^{transistor}라는 반도체 기술이 개발되기 전이어서 같은 기능을 하는 대형 진공관을 쓸 수밖에 없었다. 이 기계를 동방결절 기능이 상실된 환자의 심장에 연결하자 멈췄던 심장이 다시 뛰기 시작했다. 기적과 같은 일이었다. 물론 환자가 기계 옆에 계속 누워있어야 했지만 환자는 이 기계가 만들어내는 전기신호를 이용해 생명을 연장할 수 있었다. 이런 혁신적인 기술을 발명했지만 메드트로닉사가 차고에서 벗어나 번듯한 사무실로 이전하기까지는 7년이라는 긴 시간이 걸렸다. 얼이 개발한 기계는 너무 크고 비싼데다 환자들도 오랫동안 생명을 유지하지 못해서 거의 팔리지 않았기 때문이다.

왈튼은 당시에 청색증[43]을 앓고 있는 선천성 심장질환 아동에 얼이 개발한 기계를 연결해서 생명을 연장시켰는데 1957년 10월 31일 전국적인 대정전으로 모든 기계가 멈춰 서는 바람에 그의 환자들이 모두 사망하는 사건이 일어난다. 정전이 일어난 다음 날, 왈튼은 얼을

---

42 Medtronic, 의료를 뜻하는 메디컬_{medical}과 전자를 뜻하는 일렉트로닉_{electronic}의 조합
43 blue baby syndrome, 폐질환이나 선천성 심장질환을 앓는 경우가 많다.

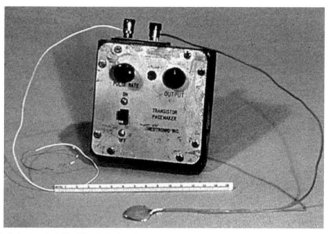

얼 바켄이 4주 만에 완성한 세계 최초의 웨어러블 심장 페이스메이커(출처: http://www.earlb-akken.com/content/photos/photos.html)

불러 전원에 연결하지 않고 배터리로 구동되는 심장 페이스메이커를 만들어 줄 것을 제안했다. 그 사이 7년 동안에 반도체 기술도 발전을 거듭해서 큰 진공관을 대체하는 작은 트랜지스터가 발명됐다. 얼은 트랜지스터와 소형 배터리를 이용해서 전원에 연결하지 않고 몸에 지니고 다닐 수 있는 작은 크기(트럼프 카드 몇 벌 크기)의 심장 페이스메이커를 단 4주 만에 만드는 데 성공했다. 얼은 실험실에서 만든 시험용 장치를 왈튼에게 전달한 다음에 더 정교한 장치를 만들기 위해 실험실로 돌아갔는데, 다음날 왈튼의 병원을 다시 찾았을 때 이미 그 기계는 환자 몸에 이식돼서 작동되고 있었다고 한다.[44] 이 기계

---

44 지금은 상상도 못할 일이지만 1976년 이전까지는 미국 식품의약품안전처FDA에서 의료기기 임상시험을 규제하지 않았다.

는 곧 미국 전역으로 보급되기 시작했고 파산 직전에 있었던 메드트로닉사는 곧 엄청난 성공을 거두게 된다. 메드트로닉은 이에 안주하지 않고 환자의 몸에 이식할 수 있는 여러 가지 새로운 전사 임플란트 기기들을 개발했다. 당뇨병 환자의 인슐린을 조절해 주는 인슐린 펌프와 심부뇌자극 기계를 세계 최초로 개발했고 곧 세계적인 의료기기 회사로 성장하게 된다. 얼이 대단한 성공을 거두는 데는 월튼이라는 의사를 만난 '우연'도 물론 기여했겠지만 7년간 허름한 차고에서 파산 위기를 겪으면서도 포기하지 않은 얼의 인내심과 열정이 가장 큰 성공의 원동력이었음은 물론이다.

필자는 2009년 국제의공학회 학술대회에서 얼 바켄의 1시간짜리 기조강연을 직접 들은 적이 있다. 얼은 자신의 성공 스토리를 자랑스럽게 이야기하다가 다음과 같은 말을 했다.

"저는 지금 85세입니다. 그런데 저는 원래 60세에 이 세상 사람이 아니어야 했습니다. 60세 때 저의 동방결절에 이상이 생겨 저는 메드트로닉의 심장 페이스메이커를 이식했습니다. 그리고 지금 제 몸에는 메드트로닉이 만든 3개의 장치가 이식돼 있습니다. 메드트로닉이 없었다면 저는 이미 이 세상 사람이 아닐 것입니다."

그는 다시 말을 이었다.

"제가 메드트로닉을 나오면서 조금은 엉뚱한 조사를 해 봤습니다. 메드트로닉이 우리 인류에 얼마나 기여를 했는가? 놀라지 마세요. 조사 결과에 따르면 메드트로닉이 설립됨으로 인해 전 세계 인류의 수명이 3년이나 연장됐습니다. 그래서 저는 성공적인 삶을 살았다고 자부합니다."

이 말이 끝나자 마자 넓은 회의장에 모여 있던 3,000여 명의 바이오메디컬공학자들은 누가 먼저라고 할 것 없이 기립해서 우레와 같은 박수로 화답했다. 이 때의 강연은 필자의 생에서 가장 감동적인 순간 중 하나로 기억된다. 필자도 연구를 하면서 힘이 들 때마다 얼의 강연을 떠올리곤 한다. 바이오메디컬공학이라는 학문이 매력적인 이유는 바이오메디컬공학자들의 노력의 산물이 인간의 수명을 연장시키고 질병에서 고통받는 환자들에게 새로운 삶을 살게 해 주기 때문이다. 우리 연구팀의 바이오메디컬공학도들도 우리 연구가 질병 정복이라는 피라미드에서 몇 개의 벽돌로 사용되고 있다는 자부심을 갖고 보람을 느끼며 연구하고 있다.

메드트로닉은 최근 뇌에서 생성되는 세로토닌이나 도파민과 같은 호르몬을 측정할 수 있는 화학 센서가 함께 들어 있어 자극 전류를 알아서 조절해주는 기술도 개발하고 있다. 이 장치를 뇌전증(간질) 환자에게 이식하면 발작이 일어날 것을 미리 예측해 발작을 예방할 수도 있다. 하지만 지금까지 살펴 본 브레인 임플란트 장치의 가장 큰 문제점은 몸 속에 배터리도 함께 넣어야 한다는 것이다. 배터리는 어린아이 손바닥 크기 정도로 크고 무겁기 때문에 몸 속에 넣기 어렵다. 또 배터리 용량이 길어야 3~5년이라 적어도 5년에 한 번씩은 재수술로 배터리를 교체해야 한다.

브레인 임플란트의 현재

뇌공학자들은 일회용 배터리를 대신해 충전식 배터리를 쓰면 더 오래 사용할 수 있고 그기도 더 작은 브레인 임플란트를 개발할 수 있다고 생각을 한다. 2009년에는 이런 아이디어가 현실이 돼 가로, 세로 길이 각 5cm, 두께 9mm, 무게 40g 밖에 되지 않는 소형 심부 뇌자극 임플란트 장치가 개발됐다. 이 장치는 최근 휴대전화에도 쓰기 시작한 무선전력전송 기술로 충전한다. 2주에 한 번씩 2시간 동안 전력 전송 안테나에서 일정한 거리 안에 머무르는 것만으로 충전이 완료된다. 덕분에 임플란트 시스템의 크기와 무게가 많이 줄어들기는 했다. 하지만 아직도 배터리 장치를 왼쪽 어깨 아래 부위에 삽입하는 수술을 9년에 한 번씩 해줘야 한다.

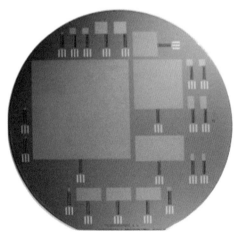

라훌 사페쉬카 교수 연구팀이 개발한 다양한 크기의 글루코오스 연료전지가 포함된 실리콘 와이퍼(출처: Plos One)

이런 불편함을 없애기 위해서 개발하고 있는 기술이 바로 글머리에 소개한 체내 자가발전 시스템이다. 사페쉬카 교수 연구팀이 개발한 글루코오스 연료 전지는 사람의 뇌와 두개골 사이를 채우고 있는 뇌척수액의 글루코오스를 수집해 전기 에너지를 만든다. 뇌척수액에는 백혈구가 거의 없어 면역 반응이 나타나지 않을 뿐만 아니라 뇌척수액 내의 글루코오스는 뇌 활동에 거의 사용되지 않기 때문에 인체에 거의 영향을 주지 않는다.

우리가 사용하지 않는 에너지를 모아 다시 활용하는 장치를 에너지 하베스팅^{energy harvesting} 장치라고 한다. 영어 뜻 그대로 에너지를 수집하는 장치다. 아직 사페쉬카 교수 연구팀의 글루코오스 연료 전지는 효율이 너무 낮아 브레인 임플란트 장치에 쓸 수 있을 정도의 전력을 만들어낼 수 없다. 이에 대한 대안으로 연구되는 기술들도 여러 가지가 있다. 사람이 걷거나 움직일 때의 운동 에너지를 전기 에너지로 바꿔주는 소형 발전기를 이용해서 전력을 얻을 수도 있지만 움직임에 영향을 줄 수도 있기 때문에 아직은 더 많은 연구가 필요하다.

최근 한양대학교 생체공학과 김선정 교수 연구팀에서는 인체 내의 작은 온도 변화를 이용해서 전기를 발생시키는 초소형 발전기를 개발했다. 이 발전기는 우리가 알고 있는 전자석을 사용한 발전기와는 매우 다른 형태를 갖고 있다. 바로 머리카락보다도 얇은 끈을 댕기머리를 땋듯이 꼬아서 만든 섬유를 이용하는 것이다. 김선정 교수 연구팀이 개발한 섬유는 아주 미세하게 주변 온도가 변해도 형태가 변하는데 이 형태 변화를 전기로 바꿔주는 것이 가능하다. 우리 주변에는 형태가 변하면 전기가 발생하는 물질들이 매우 많은데 이런 물질을 '압전체'[45]라고 한다. 꼬여 있는 섬유가 움직이면 섬유에 연결돼 있는 압전체에 전기가 발생하고 이 전기를 모으면 브레인 임플란트를 작동시킬 수 있다.

이제 남아 있는 단계는 생체에서 만들어 낸 미약한 전기 에너지만으로도 작동이 가능한 초저전력의 전자시스템을 개발하는 것이다. 현재 스마트 기기나 노트북 컴퓨터의 소모 전력을 줄이기 위한 초저전력 회로 설계 기술이 급속히 발전하고 있기 때문에 이르면 10년 안에 외부 전력을 전혀 사용하지 않는 반영구적 브레인 임플란트 기기를 개발할 수 있을 것으로 보인다.

브레인 임플란트의 미래는?

1장에서 "뇌의 모든 부분에 미세바늘을 꽂고 전기 신호를 컴퓨터로 전달하면 이론적으로 모든 뇌 활동을 읽어낼 수 있지만, 뇌 표면은 주름이 많이 잡혀 있어 각 신경세포마다 바늘을 꽂는 건 현재 기술로 어렵다"고 밝힌 적이 있다. 이런 문제를 해결하기 위한 노력도 이어지고 있는데 2011년 12월 미국 일리노이 주립대의 존 로저스[John]

---

45 piezoelectric material, 누르면 전기가 발생하는 물질이라는 의미

존 로저스 교수 연구팀이 개발한 휘어지는 전극(출처: Nature Neuroscience)

Rogers 교수팀은 얇고 잘 휘어져 주름진 뇌에 붙일 수 있는 미세 전극을 개발했다고 『네이처 뉴로사이언스』지에 발표했다. 이 전극의 해상도가 더욱 높아지고, 앞서 소개한 생체 에너지 수집 장치와 함께 머릿속에 삽입할 수 있다면 1장에서 소개한, 꿈을 저장할 수 있는 장치도 생각보다 더 빨리 개발할 수 있을 것이다.

2017년에는 오스트레일리아의 싱크론Synchron이라는 회사에서 스텐트로드stentrode라는 이름의 새로운 브레인 임플란트를 발표했다. 스텐트stent는 혈관 내에 노폐물이 쌓이거나 혈관이 좁아져서 혈액의 흐름이 원활하지 않게 될 때 혈관 속에 삽입해서 혈관이 막히는 것을 막아주는 금속으로 만든 그물망 형태의 의료기기다. 최근에 심혈관 질환을 가진 사람이 늘어나면서 국내에도 스텐트 삽입술을 받는 경우가 많아지고 있다. 성공률도 높고 시술도 간편해서 비교적 안전한 수술로 알려져 있다. 스텐트로드는 이 스텐트에 뇌 신호를 읽어들일 수 있는 전극을 부착한 것인데 목에 있는 혈관을 통해 대뇌까지 밀어 넣는 게 가능하다. 그러면 두개골 아래에서 안전하게 뇌 신호를 읽어서 무선으로 몸 밖에 전송하는 게 가능해진다. 싱크론은 2019년에 스텐트로드를 삽입한 사지마비 환자가 생각만으로 인터넷 서핑을 하는 모습을 시연했는데, 2021년에는 미국 식품의약품안전처[FDA]의 임상승인을 받아서 환자를 대상으로 임상시험에 돌입했다.

2020년에는 일론 머스크의 뉴럴링크[Neuralink]가 새로운 방식의 브

스텐트로드의 형태. 그물망에 붙어 있는 검은색 원판이 뇌 신호를 읽어들이는 전극이다.

레인 임플란트를 발표했는데, '더 링크'라는 이름의 이 임플란트 시
스템은 신경외과 의사가 아닌 특수 로봇이 수술을 시행한다. 뉴럴링
크는 아주 가느다란 실 형태의 전극을 개발했는데 이 전극을 수술
로봇이 혈관을 피하면서 대뇌 피질에 촘촘하게 박아 넣는다. 일종의
'바느질 로봇'인 셈이다. 이렇게 뇌에 삽입된 실 형태 전극은 납작한
원통 형태의 전자 시스템에 연결되는데 이 안에는 무선 충전 배터리
와 측정된 뇌 신호를 머리 밖으로 쏘아주는 무선 통신 안테나가 들
어 있다. 이 전자 시스템은 수술을 위해 잘라낸 두개골 자리에 들어
가는데, 두피를 덮고 머리카락이 자라고 나면 머릿속에 '더 링크'가
들어가 있는지를 누구도 알아챌 수 없다. 일론 머스크는 이 수술을
'라식 수술'에 비유하기도 했는데 로봇을 이용한 정밀 수술을 하기

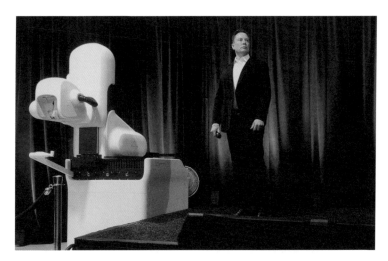

일론 머스크의 뉴럴링크가 개발한 브레인 임플란트용 수술 로봇의 모습

때문에 전체 수술에 걸리는 시간이 1시간 미만이 될 것이라고 장담하기도 했다. 2021년에는 머릿속에 '더 링크'를 삽입한 원숭이가 생각만으로 컴퓨터 게임을 하는 영상이 공개돼서 화제가 되었고 2022년에는 미국 식품의약품안전처^{FDA}의 임상 시험 허가를 신청했다고 발표하기도 했다.

최신 브레인 임플란트의 사례에서 볼 수 있듯이 뇌공학 분야의 발전은 전자공학, 재료공학, 화학공학, 나노공학의 발전과도 매우 밀접한 관계를 가지고 있다. 또한 기술이 고도화됨에 따라 다른 분야와의 융합 연구가 점점 더 중요해지고 있다.

보다 빠르게,
보다 정밀하게

뇌기능영상 기술의 발전

Engineering for Brain,
Brain for Engineering

"제이크, 긴장 풀고 머릿속을 비워. 물론 비어 있겠지만"

그레이스 박사가 가벼운 농담을 던지며 캡슐 입구를 닫는다. 전직 해병 제이크의 머리 위에는 원통 테두리를 따라 푸른색 빛이 천천히 돌고 있다. 눈을 감자 제이크의 머리가 원통 속으로 천천히 밀려들어간다. 빛이 빠르게 회전한다 싶더니 잠시 후 제이크의 아바타가 번쩍 눈을 뜬다.

영화의 역사를 새로 쓴 것으로 평가받는 제임스 카메론 감독의 2009년 영화 〈아바타〉의 한 장면이다. 물론 다른 인상적인 장면들도 많았지만 뇌공학을 연구하는 필자는 개인적으로 위의 장면이 가장 기억에 남는다. 물론 공상과학 영화니까 가능한 설정이지만 놀랍게도 영화에서는 이 기계를 이용해서 주인공의 생각을 바로바로 그

것도 완벽하게 읽어낸다. 뇌의 활동을 '보다 빠르게, 보다 정밀하게' 읽어내는 기술은 모든 뇌과학자들의 꿈이다. 영화 〈아바타〉에 등장한 기계가 실제로 개발된다면 우리는 뇌의 비밀에 보다 가까이 다가갈 수 있을 것이다.

언제부터 뇌기능을 영상으로 나타낼 수 있었나?

과거에는 뇌의 한 부위가 손상되었을 때, 그 사람의 감각이나 행동에 어떤 변화가 일어났는지를 관찰하는 것이 뇌의 기능을 알아낼수 있는 유일한 방법이었다. 시간이 흘러 마취 기술이 발전하고 뇌수술이 가능해지면서, 수술 중에 뇌의 어떤 부위에 전류를 흘려 자극했을 때 환자에게서 나타나는 반응을 살피는 방법으로도 뇌의 기능을 알아낼 수 있었다.[46]

　뇌가 활동하는 모습을 그림으로 볼 수 있을지도 모른다는 상상이 현실이 된 것은 지금으로부터 약 50여 년 전인 1970년대 중반 양전자방출 단층촬영[PET]이라는 새로운 의학영상기기가 개발된 이후부터다. PET은 인체의 대사활동이 활발한 곳에 모이는 성질이 있는 방사성 동위원소를 만들어 몸에 주입한 다음에 동위원소가 붕괴할 때 발생하는 감마선을 몸 밖에서 측정해서 동위원소의 분포를 영상으로 나타낸다. 사람의 뇌가 활동할 때는 활동 부위 주변의 대사활동이 증가해서 방사성 동위원소가 많이 모이기 때문에 뇌의 어느 부분이 활동하고 있는지를 그림으로 나타낼 수 있다. 한국을 대표하는 뇌과학자인 조장희 박사는 캘리포니아 주립대학 어바인 캠퍼스에 재직 중이던 1975년 세계 최초로 원형 PET을 개발해서 가장 노벨상에 가까운 한국 과학자로 손꼽히고 있기도 하다. PET이 개발됨에 따라 소리를 들을 때나 말을 할 때, 무언가를 볼 때 변화하는 뇌 영상을 모니터 상에서 확인할 수 있는 길이 열리게 되자 뇌과학자들은 흥분하기 시작했다.

　1990년 미국 AT&T 벨연구소의 세이지 오가와[Seiji Ogawa] 박사 연

46　실제로 뇌 자체에는 감각 세포가 없어서 깨어 있는 상태에서도 수술이 가능하다. 이를 각성수술이라 한다.

구팀은 당시까지만 해도 뇌의 구조를 관찰하기 위해서만 사용되던 자기공명영상^{MRI}을 이용하면 PET보다 더욱 정밀하게 뇌 활동을 관찰할 수 있다는 사실을 알아냈다. 뇌가 활동할 때는 많은 양의 산소를 필요로 하는데 산소를 가진 산화헤모글로빈의 양이 증가하면 자기공명영상에 변화가 발생하는 현상을 이용한 것이다. 이 기술이 바로 현재 가장 정밀하게 뇌 활동을 관찰할 수 있는 '뇌기능영상의 최강자', 기능적 자기공명영상^{fMRI}이다. fMRI 기술이 발명된 이후 20여 년 동안, 그 이전 2000년보다도 훨씬 더 많은 뇌의 비밀을 밝혀낼 수 있었다.

뇌기능 영상의 현재

뇌공학자들은 여기에 만족할 수 없었다. fMRI는 뇌의 활동을 아주 정밀하게 관찰할 수 있지만 시간에 따라 빠르게 변하는 뇌 활동을 관찰하기에는 적합하지 않았다. fMRI는 신경세포의 전기적인 활동을 보여주는 것이 아니라 신경세포가 소모하는 산소의 양을 보여주는데 이런 변화는 보통 전기적인 활동에 비해 아주 느리게 일어나기 때문이다. 즉 fMRI가 뇌 활동의 정지영상을 보여주는 기술이라면 뇌 활동의 동영상을 보여줄 수 있는 또 다른 기술이 필요하게 된 것이다. 그런데 의외로 뇌 활동의 동영상은 우리가 이미 사용하고 있던 기술을 이용하면 쉽게 얻을 수 있었다. 바로 fMRI보다 50년이나 먼저 측정되기 시작한, '뇌의 목소리' 뇌파를 이용하는 것이다. 머리 위의 여러 위치에서 동시에 뇌파를 측정한 다음에 역문제 해석이라는 수학적 방법을 이용하면 매우 빠르게 변하는 뇌의 활동을 동영상으로 나타낼 수 있다. 이런 기술을 뇌파 신호원 영상 기술이라고 한다. 뇌파 신호원 영상 기술이 발전하면서 시간에 따라서 시시각각 변화하는 뇌의 활동 동영상을 1밀리초(1,000분의 1초) 단위로 관찰할 수 있는 길이 열리게 됐다.

한편, 뇌파는 신경세포에서 발생한 전류가 두개골을 지나 머리 표면에 도달한 것을 측정하는데 사람의 두개골은 전류가 잘 흐르지 않아 세밀한 뇌 활동 영상을 얻는 데에는 한계가 있었다. 1950년대, 과학자들은 사람의 뇌에 전류가 흐른다면 암페어의 법칙에 의해 당연히 자기장도 함께 발생하고 있을 것이라는 생각을 하게 됐다. 하지만 사람의 뇌에서 발생하는 자기장은 크기가 너무 작아 당시 기술로는 측정이 불가능했다. 사람의 뇌에서 발생하는 자기장을 측정할 수 있게 된 것은 영국의 천재 물리학자 브라이언 데이비드 조셉슨[Brian David Josephson]이 1962년 조셉슨 효과라는 현상을 발견하고 이를 바탕으로 초전도양자간섭장치[47]라는 새로운 자기장 측정 센서를 개발하면서부터다. 조셉슨은 '천재'라는 칭호를 붙이기에 전혀 부족함이 없는데, 그는 캠브리지 대학의 박사과정으로 있던 22세 때 조셉슨 효과를 처

---

47 Superconducting Quantum Interference Device: SQUID

음으로 발견했다. 그리고 33세이던 1973년에 노벨 물리학상을 수상했다. 이런 과학사를 보고 있노라면 누군가의 말처럼 '세상은 소수의 천재에 의해 변한다'라는 말이 진실이라는 믿음을 갖지 않을 수 없다. 보통 사람이 가장 창의적인 생각을 하는 때는 20대라고들 한다. 실제로 인류 역사를 바꾼 수많은 과학적인 업적들이 20대 과학자들에 의해 이룩됐다. 한 조사에 따르면 40세 이전에 노벨상을 받을 만한 업적을 만들지 못하면 평생 노벨상을 받을 수 없다고 한다. 이는 노벨상을 수여하는 분야가 아닌 수학 분야에서도 마찬가지인데, 수학 분야의 노벨상으로 불리는 필즈메달$^{fields\ medal}$이 40세 이전의 수학자들에게만 수여되는 것도 같은 맥락에서이다. 실제로 수학계에서는 이런 말이 즐겨 회자된다.

"수학자 생애에서 가장 뛰어난 연구 결과는 그의 박사학위 논문이다!"

필자는 가장 창의력이 샘솟는 시기인 20대의 대학생들이 취업과 영어 공부에 매달려 창의력을 발휘하지 못하는 현실이 매우 안타깝다. 지금이라도 스마트폰 게임에 시간을 허비하지 말고 숨겨진 자신의 창의력을 발휘할 수 있는 분야를 찾았으면 한다.

1972년 미국 MIT의 데이비드 코헨$^{David\ Cohen}$ 박사는 초전도양자간섭 센서가 부착된 뇌자도[48]라는 장치를 이용해서 지구 자기장의

---

48 magnetoencephalography, 뇌에서 발생하는 자기장을 측정하는 장치

10억분의 1 크기의 미세한 생체 자기장을 측정하는 데 성공했고 코헨 박사 자신의 뇌에서 측정한 뇌자도 신호는 과학저널『사이언스』의 표지를 장식했다. 사람의 몸은 자기장을 아무런 저항 없이 통과시키기 때문에 뇌자도를 이용하면 뇌파보다 더욱 정밀한 뇌 활동 동영상을 얻어낼 수 있다.

여기에는 재미있는 일화가 있는데, 데이비드 코헨 박사는 정작 자신이 개발한 뇌자도 장치에 들어가 앉을 때 극심한 공포감을 느꼈다고 한다. 초전도양자간섭장치를 이용한 자기장 센서는 그 이름에서도 알 수 있듯이 초전도 상태에서만 작동한다. 독자 여러분들이 물리학 시간에 배운 바와 같이 초전도 상태를 유지하기 위해서는 센서를 아주 극저온 상태로 냉각시켜야 한다. 보통은 액체 헬륨을 이용해서 냉각을 하는데 듀어^{Dewer}라고 불리는 실린더 안에 액체 헬륨을 가득 채우고 그 속에 센서를 담근다. 그 원통형 듀어 아래에 머리를 위치시키고 뇌에서 발생하는 자기장을 측정하는데, 아주 낮은 가능성이지만 듀어에 금이 가서 액체 헬륨이 머리 아래로 쏟아져 내리면 그 즉시 냉동인간이 될 수도 있다.[49] 그럼에도 불구하고 자신의 뇌에서 발생하는 신호가 인류 최초의 뇌자도 신호가 되기를 강력히 원했던 코헨 박사는 자원해서 기계 안에 들어간다.

코헨 박사는 80이 훨씬 넘은 나이에도 국제 학술대회에 참석해서

---

49 사실은 이런 일이 일어날까봐 걱정할 필요는 전혀 없다. 기계공학적으로 절대 그런 일이 일어나지 않게 설계가 돼 있으니...

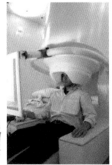

(왼쪽)코헨 박사가 측정한 자신의 뇌자도 신호. 그림 오른쪽 아래에 1972년 '사이언스(Science)'라는 표시가 있다. (오른쪽) 현대식 뇌자도 측정기의 모습

모든 포스터 발표논문[50]을 다 돌아보는 것으로도 유명하다. 앞서 잠시 소개한 원형 PET의 발명인인 조장희 박사님도 팔순을 넘긴 연세임에도 불구하고 워크숍이나 학회에 참가하면 가장 앞자리에 앉아 모든 구연 발표를 경청하시는 모습을 자주 볼 수 있다. 이 분들을 볼 때면 "나이는 숫자에 불과한 것이고 세월도 이 분들의 연구 열정을 꺾을 수 없구나"라는 감탄을 하지 않을 수 없다. 필자가 연구를 좋아하는 이유는 세상의 수많은 일들 중에서 연구만큼 노력에 비례한 결과물을 얻을 수 있는 일이 많지 않기 때문이다. 그 사실을 알기에 더더욱 코헨 박사와 조장희 박사와 같은 '대가'들을 존경하지 않을 수 없다.

코헨 박사의 일화는 흔히 최초의 사람 뇌파를 측정한 한스 베르거

---

50 자신의 연구결과물을 한 면의 포스터로 인쇄해서 걸어 놓고 다른 연구자들에게 홍보하거나 토의하는 형태의 발표

박사와 비교되기도 하는데, 한스 베르거 박사가 사용했던 뇌파 측정 장치는 반도체 기술이 발달되기 이전에 개발됐기 때문에 '보호 회로'라는 부품이 들어 있지 않았다. 보호 회로는 다이오드라는 반도체를 이용해서 만드는데 다이오드는 한쪽 방향으로만 전류를 흘리는 성질을 갖고 있다. 쉽게 설명하면 보호 회로는 뇌에서 발생하는 전기 신호는 출력장치로 흘려 보내지만, 신호를 출력하기 위해 사용되는 전류가 머리 쪽으로 흐르는 것을 방지하는 회로다. 당연한 얘기지만 현대 뇌파 측정기에서는 없어서는 안 될 핵심 부품이다. 당시 베르거 박사가 뇌파 신호를 확인하기 위해서 사용한 장치는 갈바노미터라는 전동기(전기 모터)인데, 이것을 구동하기 위해서는 비교적 큰 전류를 흘려야 했다. 만에 하나 회로에 이상이 생겨 이 전류가 머리 쪽으로 흘러가게 된다면 의도치 않은 '뇌 전기자극 장치'가 될 수도 있는 상황이었다. 그럼에도 불구하고 (코헨 박사와 달리) 베르거 박사는 자신의 아들을 첫 번 째 실험 대상으로 삼았다. 인류의 과학 발전이 우선이라고 해도 참으로 매정한 아버지가 아닐 수 없다! 다행히 측정 기계에 아무런 문제도 발생하지 않았고 베르거 박사 아들의 뇌에서 측정한 뇌파는 인류 최초의 뇌파로 역사에 남게 됐다.

최근에는 뇌파와 뇌자도의 높은 시간적 해상도와 fMRI의 높은 공간적 해상도를 결합해서 '보다 빠르게, 보다 정밀하게' 뇌 활동을 관찰할 수 있는 '멀티모달 신경영상'이라는 신기술도 연구되고 있지만 아직도 해결해야 할 난제들이 많이 남아 있다. 가장 어려운 문제는 뇌파에서 얻은 신경영상과 fMRI에서 얻은 신경영상 사이에 차이가 발생하는 경우가 많다는 것이다. 뇌파가 신경세포의 활동을 측정하는 데 비해 fMRI는 혈류량의 변화를 측정하기 때문에 둘 사이에 차이가 발생할 수 있다. 또한 뇌파나 fMRI에 포함된 여러 가지 외부 잡음 때문에 잘못된 뇌 활동이 측정될 수도 있는데, 이에 대해서는 7장에서 '죽은 연어의 뇌 활동 관찰'이라는 사례를 소개할 예정이다. 우리가 두 가지 영상을 결합할 때에는 '결합 강도'라는 것을 정해줄 수 있는데, 이 결합 강도가 높을 경우에 두 영상이 잘 일치하면 '보다 빠르고 정확한' 결과를 얻을 수 있지만 두 영상이 잘 일치하지 않으면 오히려 결합하지 않은 것보다 더 못한 결과가 얻어진다. 반면에 결합 강도를 약화시키면 두 영상을 결합한 효과를 거의 볼 수 없다. 이러한 상황을 보통 트레이드 오프[51]라고 한다. 트레이드 오프는 고용과 물가와의 관계를 설명하는 경제학 용어에서 출발했지만 과학 분야에서도 종종 관찰된다. 양자역학의 근간이 되는 하이젠베르크의 불확정성 원리uncertainty principle에 따르면 입자의 위치와 운동량은 동시에 정확하게 측정할 수 없다. 위치가 정확하게 측정될수록 운동량의 불확정성은 커지게 되고 반대로 운동량이 정확하게 측정되면 입자의 위치는 정확하게 측정할 수 없다. 즉 입자의 위치 측정과 운동량 측정 사이에는 트레이드 오프가 존재하는 것이다. 뇌파와

---

[51] trade-off, 두 가지 목표 중 하나의 목표를 달성하려면 다른 목표 달성이 저해받는 상태

fMRI를 결합하는 문제도 유사하다. 빠르고 정밀한 결과를 얻기 위해서 두 영상의 결합 강도를 높이면 오히려 잘못된 결과를 얻을 가능성이 높아지고 결합 강도를 낮추면 오류 가능성은 낮아지지만 빠르고 정밀한 영상을 얻을 수 없다. 두 영상을 결합하는 선택과 결합하지 않는 선택 사이에 일종의 트레이드 오프가 존재하는 것이다. 뇌공학자들은 멀티모달 신경영상의 트레이드 오프 문제를 해결하기 위해 많은 노력을 해 왔다. 하지만 안타깝게도 아직까지 이 문제를 완전하게 해결할 수 있는 방법은 개발되지 못했다. 그렇다고 해서 필자는 불확정성의 원리처럼 이 트레이드 오프가 아예 해결할 수 없는 문제라고 생각하지는 않는다. 최근 과학 기술의 여러 분야에서 기존에 해결 불가능한 트레이드 오프의 관계가 있다고 믿어 왔던 사실들이 해결됐다는 소식이 종종 들려오고 있다. 예를 들면, 10여 년 전까지만 해도 제강 분야에서 강도와 연성 사이에 존재하는 트레이드 오프는 해결 불가능한 문제로 여겨져 왔다.[52] 그런데 2014년, 미국과 중국의 공동 연구팀은 강철 실린더를 전처리하여 변형 쌍정deformation twin이라고 불리는 미세 구조를 만들어냄으로써 연성을 유지하면서 철의 강도를 높이는 데 성공했다고 발표했다. 수백 년간 지속돼 온 오랜 믿음이 깨지는 순간이었다. 이렇게 오랫 동안 해결하지 못한 문제를 획기적인 방법으로 해결하는 기술을 한계돌파형breakthrough 기술

---

52 철의 강도를 높이면 연성은 줄어들고 연성을 높이면 강도가 약화되는 상반되는 관계
     가 있다.

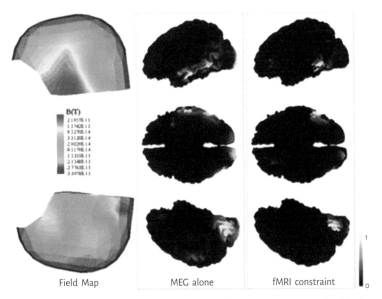

| Field Map | MEG alone | fMRI constraint |

B(T)
2.1957E-13
1.5742E-13
9.3270E-14
3.3120E-14
-2.9029E-14
-9.1179E-14
-1.5303E-13
-2.1548E-13
-2.7763E-13
-3.3978E-13

멀티모달 신경영상에 관련된 필자의 연구 논문 결과 (출처: Human Brain Mapping): 가운데 그림은 뇌자도만 사용한 뇌 영상, 오른쪽 그림은 뇌자도와 fMRI를 함께 사용한 뇌 영상. 멀티모달 신경영상을 사용하면 더 정밀한 뇌 영상을 얻을 수 있다.

이라고 한다. 국문 번역이 다소 어색하다면 영어 단어 자체를 뜯어 보면 그 의미를 보다 분명히 이해할 수 있다. Break(깨뜨리다)+through(통과하여, 관통하여)의 조합인 'breakthrough'는 깨뜨려서 뚫고 지나간다는 의미다. 한 번 깨뜨려진 문제는 더 이상 장애가 되지 않고 오히려 새로운 기술 개발의 발판이 될 수 있다. 두 영상 기술의 결합에서 발생하는 트레이드 오프 문제도 늦은 시간까지 밤새워 연구에 열중하고 있는 어느 젊은 뇌공학자의 'breakthrough'를 통해 언젠가는 해결될 것으로 믿는다.

미래의 뇌기능 영상 기술은?

아쉽지만 fMRI가 개발된 지 30여 년이 지난 현재까지도 fMRI를 대체할 만한 새로운 뇌기능영상 기술은 개발되지 않고 있다. 미래의 뇌기능영상 기술은 어떻게 발전하게 될까? 우선, 높은 공간 해상도를 자랑하는 fMRI나 뇌자도는 초전도체를 사용해야 하기 때문에 냉각 시스템을 갖춘 매우 거대한 측정 기계가 필요하다. 이런 기계로는 우리가 누워 있거나 앉아 있을 때의 뇌 활동만을 관찰할 수 있다. 2004년 프랑스의 매리엄 패네티어^{Myriam Pannetie} 박사 연구팀이 『사이언스』지에 초전도양자간섭장치를 사용하지 않고도 뇌에서 발생하는 미세 자기장을 측정할 수 있는 새로운 센서를 개발했다고 발표하여 전 세계 뇌과학자들을 기대에 부풀게 했다. 하지만 이 기술은 아직 실제로 사용되기까지 해결해야 할 많은 문제들을 지니고 있다. 그렇지만 언젠가 이 기술이 완성된다면 비행기 조종사나 군인들이 오토바이 헬멧처럼 생긴 생체 자기장 측정 장치를 머리에 쓰고 동료들과 생각을 교환하게 될지도 모른다.

미국에서 가장 큰 규모의 연구개발 예산을 운용하는 기관은 미국 국방성 산하 기관인 미국방위고등연구계획국^{DARPA, Defence Advanced Research Projects Agency}이다. DARPA는 인터넷, 마우스, GPS, 무인자동차 등 혁신적인 기술 개발을 주도한 것으로도 유명하다. 이런 DARPA가 최근 가장 많은 투자를 아끼지 않는 분야 중 하나가 바로 뇌과학과 뇌공학 분야다. 실제로 DARPA는 비행기 조종사나 군인이 생각만으로 서로 교신하거나 전투 상황에서 개별 전투원의 상태를 측정하는 기술에 많은 연구비를 투자하고 있다. 1960년대 "우주를 정복하는 국가가 세계를 지배한다"는 냉전 시대 모토는 "뇌를 정복하는 국가가 미래를 주도한다"는 모토로 바뀐지 오래다. 미국과 일본은 이미 21세기를 뇌의 세기로 규정하고 막대한 연구비를 투자하고 있다. 뇌공학의 미래는 그 어느 분야보다도 밝다.

1970년대에 PET이 개발되고 1990년대에 fMRI가 개발된 뒤에 한동안 새로운 뇌기능영상 기계가 발표되지 않고 있다. 하지만 가까운 미래에 또 다시 모든 뇌과학자들을 잠 못 들게 할 새로운 뇌기능영상 기계가 등장할 것이라고 기대한다. 지금도 세계의 많은 뇌공학자들은 영화 〈아바타〉에 나오는 뇌 스캐너 캡슐을 꿈꾸고 있다.

뇌는 진실만을 말한다

거짓말 탐지 MRI

Engineering for Brain, Brain for Engineering

"내일부터 회사에 나오실 필요 없습니다. 당신은 해고입니다."

"네? 도대체 왜죠?"

"지난주에 받은 정기 MRI 검사에서 당신이 회사 기밀을 외부로 유출한 사실이 드러났습니다. 경찰 조사도 받게 될 겁니다."

"말도 안돼요. 저는 결백합니다!"

2006년 미국 샌디에이고에 '노-라이No-Lie MRI'라는 회사가 설립됐다. 자기공명영상MRI으로 고객의 진실을 증명하는 회사다. 조엘 후이젠가Joel Huizenga 사장은 자신의 회사가 가지고 있는 기술은 거짓말인지 아닌지를 맞추는 정확도가 100%에 가깝다고 주장한다. 그는 자기 암시를 걸거나 거짓말을 자연스럽게 하는 연습을 해봤자 더 이상 소용이 없다고 말을 이었다. 사람은 거짓말을 할 수 있지만 뇌는

거짓말을 못 한다는 것이다.

한 번 검사에 600만 원이나 들지만, 이 회사에는 자신의 결백을 증명하기 위해 검사를 받으려는 사람이 몰려들고 있다. 이제 기계로 인간의 의도를 읽어내는 것에서 한걸음 더 나아가 거짓말까지 읽어 내는 시대가 온 것이다.

거짓말 탐지의 역사

거짓말탐지기는 1895년 이탈리아의 범죄학자 체사레 롬브로소 Cesare Lombroso가 발명했다. 거짓말을 할 때 변하는 심장박동 수, 혈압, 호흡주기 등 생리적인 현상을 측정하는 것이다. 하지만 이 거짓말탐지기의 오차율은 20~30%나 된다.

거짓말탐지기에 뇌의 반응을 이용하기 시작한 것은 1991년 미국 일리노이주립대의 로렌스 파웰Lawrence Farwell 박사가 '뇌 지문'이라는 개념을 제안하면서다. 뇌 지문은 비슷한 자극을 제시하다가 다른 종류의 자극을 섞을 때 300밀리초(1,000분의 1초)에서 나타나는 뇌파인 P300을 측정하는 것이다.

P300 뇌파는 범죄수사에 아주 유용하게 쓸 수 있다. 용의자에게 낯선 장면을 보여주다가 범행현장 장면을 보여주면 범인의 뇌는 이 장면을 낯익은 장면으로 인식해 P300 뇌파를 발생시킨다. 하지만 범인이 아닌 용의자의 뇌는 이 장면을 여전히 낯선 자극으로 받아들여 P300을 발생시키지 않는다. 잘 이해가 되지 않는 독자들은 앞서 P300을 '아-하' 전위라고 한 부분을 다시 한 번 읽어보면 왜 P300이 범죄수사에 사용될 수 있는지를 이해할 수 있을 것이다. 실제로 이 기술은 미국 CIA 같은 정보기관에서 범인이나 테러리스트를 가려내는 데 (비공개적으로) 사용하고 있다고 한다.

지금은 어디까지 왔나?

뇌의 어느 부위가 어떤 기능을 하는지를 알아낼 수 있는 기능적 자기공명영상fMRI 기술이 발명되며 더 정확하고 간편한 거짓말탐지기가 나왔다. 2002년 미국 펜실베이니아주립대 연구팀은 fMRI를 이용해 사람이 진실을 말할 때와 거짓말을 할 때 활동하는 뇌 부위가 다르다는 사실을 발견했다. 거짓말을 할 때는 진실을 말할 때보다 대뇌 전전두엽prefrontal lobe의 활동이 더 증가한다. 전전두엽은 사람의 모든 생각과 행동을 통제하는 곳으로, 컴퓨터로 치면 CPU와 같은 역할을 하는 부위다.

하지만 거짓말을 할 때 반응하는 뇌 부위는 사람마다 조금씩 차이가 있다. 따라서 뇌공학자들은 사람마다 진실을 말할 때와 거짓말을 말할 때 뇌의 어떤 부분이 어떻게 달라지는지 기준을 세운 후 측정하기로 했다.

방법은 간단하다. 대상자에게 미리 답을 주고 질문을 한다. 한 번은 답을 말하게 하고, 다른 한 번은 거짓말을 하게 하는데, 이때 뇌 반응 지도를 미리 저장해 두는 것이다. 몸무게를 재기 전 저울의 0점을 맞추는 것과 비슷하다. 그 다음 본 질문을 던졌을 때 나타나는 뇌 반응과 미리 저장한 반응을 비교하면 그 사람이 진실을 말하고 있는지를 알 수 있다. 미국의 신경과학자 스티븐 레이큰Steven Laken 박사는 이 방법의 정확도가 97%라고 발표했다.

앞서 이야기한 대로 '노-라이 MRI'라는 회사에는 600만 원이라는 큰 돈을 지불하고도 검사를 받으려는 사람들이 몰려들고 있다. 최근에는 이 회사가 보유하고 있는 MRI 기계로는 몰려드는 고객을 모두 수용할 수가 없어서 인근에 있는 종합병원에서 MRI 기계가 사용되지 않는 시간대에 이 기계를 대여하는 방법까지 쓰고 있다. 그렇다면 왜 사람들이 600만 원이라는 큰 돈을 지불하고도 자신의 결백을 증명하려고 할까? 재미있게도 이 회사 고객의 대부분은 의처증이나 의부증을 가진 아내나 남편에게 자신이 외도를 하지 않았다는 것을 증명하려는 사람들이라고 한다. 물론 이 기술은 아직 부자들만의 전유물이다.

일부 회의론자들은 fMRI 자체가 높은 오류 가능성을 가지기 때문에 '노-라이 MRI'사의 결과를 완전하게 믿을 수 없다고 말한다. 실제로 fMRI를 이용해서 측정하는 뇌의 혈류 변화는 2~4%에 불과하기 때문에 fMRI에 포함된 여러 가지 잡음(특히 머리의 움직임에 의한 '동잡음'이라고 불리는 잡음)과 분리해 내기 어려운 경우가 많다. 또한 fMRI 분석에서는 '통계의 오류'라는 현상이 자주 언급된다. 다소 어려운 이야기일 수도 있지만, 뇌의 특정한 부위가 활동할 때의 fMRI 영상을 얻기 위해서는 뇌가 활동하지 않을 때의 영상과 활동할 때의 영상을 통계적으로 비교를 해서 '유의미하게' 증가한 부위를 찾는 과정을 거친다. 디지털 사진이 픽셀[53]로 구성되는 것처럼 fMRI 영상도 복셀[54]이라는 작은 영상 단위로 구성된다. 두 영상을 비교할 때는 많은 수의 복셀을 종합적으로 고려해서 비교하는 것이 아니라 대응되는 각 쌍의 복셀을 순차적으로 비교하는 방법을 쓰는데, 통

---

53 pixel, picture element의 약자로 우리 말로는 화소라고 한다.
54 voxel, volume picture element의 약자로, 3차원적인 화소(직육면체)를 의미한다.

계적으로는 이런 방법은 잘못된 것이다. 흔히 이렇게 여러 개의 비교 대상이 있는 문제를 '다중 비교multiple comparison'라고 하는데, '다중 비교'를 할 때는 통계적인 유의미성을 판별하는 기준을 더 엄밀하게 잡아준다.[55] 왜냐면 비교 대상 사이에 상관성이 있을 수 있기 때문이다. 그런데 fMRI에서는 기준이 되는 영상과 뇌가 활동할 때의 영상 사이에 차이가 너무 적어서 이런 다중비교 방법을 적용하면 대부분의 경우에 아무런 유의미한 결과를 얻을 수 없다. 따라서 통계 원칙을 어긴다는 사실을 알면서도 다중비교가 아닌 단일비교 방법을 적용한다. 문제는, 이런 기존의 통계 방법에 어긋나는 방식으로 얻어진 fMRI 영상에는 오류에 의한 뇌 활성도 포함돼 있을 가능성이 높다는 것이다.

이런 오류의 가능성을 알면서도 fMRI 결과를 맹신하는 뇌과학자들에게 '경고'의 메시지를 주기 위한 연구도 발표된 적이 있다. 한 해 동안 발표된 재미있고 기발한 연구 결과에 대해 주는 상으로 유명한 이그노벨상[56]을 2012년에 수상하기도 한 캘리포니아 대학 산타바바라 캠퍼스 심리학과의 크레이그 베닛Craig Bennett 교수 연구팀은 죽은 연어를 대상으로 fMRI를 실시한 결과를 발표했다. 그 결과 "놀랍게도" 죽은 연어의 촬영 결과에도 뇌가 활성화됐을 때 나타나는 데이

---

55 다중 비교 보정multiple comparison correction이라고 한다.
56 Ig Nobel Prize, 노벨상을 패러디하여 만들어진 상으로 1991년부터 매년 가을 진짜 노벨상 수상자가 발표되기 1~2주 전에 수상자를 발표하고 있다. 보통 실제 논문으로 발표된 과학적인 업적 가운데 재미있거나 엉뚱한 점이 있는 연구에 대해 상을 수여한다.

터들이 발견됐다. 물론 이것은 거짓 양성[57] 반응이다. 연구팀의 연구 방법론이 아주 재미있게 서술돼 있어서 잠시 소개하면 다음과 같다.

피실험자: 한 마리의 다 자란 대서양 연어가 fMRI 연구에 참가했다. 연어는 대략 18인치 길이에 3.8파운드 무게를 가지고 있었고 fMRI 촬영 시에 살아있지 않았다.

실험 과제: 연어에게는 특정한 감정을 나타내는 인간의 사진을 연속으로 보여주었다. 연어에게 각 개인이 어떤 감정 상태를 경험하고 있는지를 물어봤다.

실험 디자인: 각 사진 자극들은 10초간 스크린에 나타나고 12초간 사라지는 것을 반복했고 전체 측정 시간은 5.5분이 소요됐다.

전처리[58]: SPM2라는 소프트웨어를 이용해서 분석했고 연어의 해부학적인 MRI 영상 위에 fMRI 영상을 겹쳐서 나타냈다.

분석: 다중 비교 보정 기법을 사용하지 않고 각 복셀 단위로 자극이 주어진 시간 동안 측정된 fMRI 데이터와 자극이 주어지지 않은 시간 동안 측정된 fMRI 데이터를 통계적으로 비교하는 일반적인 방법을 사용했다.

---

57 false positive, 거짓인데 진실로 판별된 것
58 preprocessing, 데이터를 실제로 분석하기 이전에 잡음을 제거하거나 쓸모 없는 데이터를 버리는 등의 처리 과정을 뜻한다.

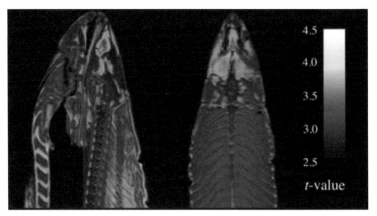
죽은 연어의 뇌 활동? (출처: http://www.wired.com/2009/09/fmrisalmon/#Replay)

분석 결과로 얻은 영상에는 위의 그림에서 볼 수 있듯이 연어의 특정한 뇌 영역이 활동하고 있는 것 같은 현상이 관찰됐다. 그렇다면 죽은 대서양 연어가 "사람의 감정을 인식할 수 있다"라는 결론을 내야 할까? 물론 아니다. 이처럼 fMRI 결과에는 잡음에 의한 잘못된 결과들이 포함돼 있을 수 있기 때문에 무조건 fMRI 결과를 맹신하는 것은 위험하다.

다행스러운 것은 이런 오류는 비교적 무작위적으로(랜덤하게) 발생하기 때문에 여러 번의 반복 측정에서 공통적으로 관찰되는 결과만을 이용하면 어느 정도 극복이 가능하다. 물론 이런 오류 자체를 없애기 위한 뇌공학자들의 더 많은 연구가 필요한 것도 사실이다.

거짓말 탐지 기술의 미래는?

남은 3%의 오류 가능성만 극복한다면 거짓말탐지기의 결과를 법정에서 증거로 쓸 수 있을 것이다. 3차원의 복잡한 뇌 영상 패턴을 분석하고 분류하는 다중복셀패턴분석^{MVPA}이라는 방법과 실시간으로 뇌기능 영상을 보여주는 실시간 MRI^{real-time MRI} 등 뇌공학 기술이 발달하며 거짓말탐지기의 성능도 하루가 다르게 발전하고 있다. 생각보다 가까운 미래에 이 일이 가능하지 않을까?

하지만 거짓말탐지기는 개인의 사생활을 침해하는 도구로 쓰일 가능성도 있다. 거짓말탐지기로 연인이 내게 거짓말을 하고 있는지, 사랑이 식은 것은 아닌지를 확인하는 것이 결코 유쾌한 상상은 아닐 것이다. 우리 연구팀에서는 몇 달에 한 번씩 피자를 시켜 놓고 엉뚱한 아이디어들을 자유롭게 말하고 토의하는 브레인스토밍^{brainstorming} 시간을 가진다. 몇 가지는 실제로 연구까지 이어져서 '창의적인 연구'라는 칭찬을 들은 결과도 있지만 대부분은 토의 과정에서 걸러지게 되는데 마지막까지 해볼까 말까를 고민한 아이디어도 많다. 정말 마지막 단계에서 포기한 연구 중 하나는 남성들에게 다양한 스타일의 여성 사진들을 보여 주고 뇌파를 측정한 다음에 가장 높은 '선호도 뇌파'가 발생한 여성을 찾아주는 프로그램을 개발해보자는 것이었다. 연구를 확장해서 여성들에게도 동일한 실험을 하면 일종의 '커플 매칭' 서비스도 가능할 것이기 때문이다. 실제로 나이가 어릴수록 연애 상대를 선택할 때 첫인상을 중요시하고, 첫인상을 결정 짓는 가장 중요한 요인이 외모라는 것은 부인하기 힘든 사실이다. 첫인상이 불과 만나고 8초 안에 결정되고 한 번 결정된 첫인상은 60번 이상 만나야 바뀔 정도로 큰 영향을 끼친다는 연구 결과도 있기에 분명 상업적으로 성공을 거둘 수 있는 아이디어임에는 분명해 보였다. 기술적으로는 분명히 가능함에도 불구하고 우리 연구팀이 이 연구를 진행하지 않은 이유는, 결과의 성공 여부에 관계 없이 '외모'만을 기준으로 상대를 선택하는 것은 외모지상주의를 부추긴다는, 즉 일종의 사회의 암묵적 금기 사항을 어기게 될지도 모른다는 우려 때문이었다.

뇌과학이나 뇌공학의 연구 결과 중에는 사회적으로 상당한 파장을 불러일으키거나 인식의 변화를 야기할 가능성이 높은 것이 많다. 그 일례로 '공부하는 머리는 타고난다'는 속설은 신경과학계 내부에서는 어느 정도 정설로 받아들여지고 있었지만 그 사실에 대한 사회적인 파장이 엄청나기 때문에 학계에서는 상당히 순화시켜 발표해왔다. 실제로 공부를 해 본 학생들이라면 누구나 한 번쯤은 경험해 봤겠지만 열심히 공부해도 성적이 잘 나오지 않는 학생이 있는가 하면 그다지 열심히 공부하는 것 같지 않은데도 우수한 성적을 받는 학생도 있다. 혹자는 이런 차이가 순간적인 집중도의 차이에서 발생한다고들 하지만, 암기과목 보다는 수학이나 과학과 같은 고도의 응용력이 필요한 과목에서는 '타고난 머리'를 가진 학생들이 분명히 있다. 필자의 고등학교 친구 중에 중학교 때까지 육상선수를 하다가 부상을 당해 육상을 그만 두고 고등학교 배치고사(당시에는 배치고사라는 것을 치러서 일정 점수가 나오지 않으면 실업계고교로 배정이 됐다)에서 겨우

컷트라인을 넘기고 인문계 고교에 진학한 친구가 있다. 전교생 450명 중에 440등이 이 친구의 입학 성적이었다. 그런데 이 친구는 소위 말하는 '수학 머리'라는 것을 타고났다. 고등학교 2학년 초반에 전국 수학경시대회에 나가게 될 학교 대표를 뽑는 교내 시험에서 유일하게 100점을 맞은 학생이 있어 화제가 됐는데 필자를 비롯한 '우등생' 집단에게 전혀 알려지지 않은 새로운 인물이어서 더욱 화제가 됐다. 놀라운 것은 교내 2위를 기록한 필자의 점수는 불과 40점이었고 3위는 30점이었다. 집이 멀어 야간자율학습도 늘 빠지던 그 친구는 전국수학경시대회에서도 우수한 성적으로 입상했고, 당시 3년간 한시적으로 치러졌던 대입 본고사 수학시험에서도 우수한 성적을 기록해서 상대적으로 낮은 내신성적과 수학능력시험 성적에도 불구하고 서울대학교 수학과에 입학했다. 그리고 지금은 서울 유명 사립대학교 수학과 교수가 돼서 우리나라 해석학 분야에서 유명한 수학자로 이름을 날리고 있다.

이런 사례는 다소 극단적이고 흔하지는 않은 경우이지만, 만약 '공부하는 머리'가 타고나는 것이라면 누구도 '노력'이라는 것을 하지 않을 것이기 때문에 사회적으로 이런 이야기를 하는 것은 금기시돼 왔다. 그런데 이런 금기에 도전한 용감한(?) 학자들도 있다. 2014년 미국 미시간 주립대학교의 자크 햄브릭Zach Hambrick 교수 연구팀은 '연습이 얼마나 실력을 향상시키는가'에 대한 연구 결과를 발표했는데, 놀랍게도 체육은 18%이고 공부는 4%에 불과하다는 내용이었다. 자칫 '

머리가 나쁘면 아무리 공부해도 소용없다'는 내용으로 비춰질 수도 있는 연구 결과다. 최근 자주 회자되고 있는 '1만 시간의 법칙'과도 정면으로 배치되는 결과인데, 사실 필자는 이런 사실을 학술 논문으로 발표했다는 사실에도 놀랐지만 발표 내용이 필자가 기존에 알고 있던 신경과학적인 상식과도 상당한 차이가 있었기 때문에 더욱 충격을 받았다. 신경과학에서는 '공부하는 뇌'에 있어 타고나는 부분이 80% 내외이고 노력에 의해 극복 가능한 부분이 20% 내외로 보는 것이 일반적이다. 사회적 파장을 걱정한 뇌과학자들은 언론 인터뷰 등에서 이마저도 상당히 순화시켜서 타고나는 부분과 노력에 의해 극복 가능한 부분이 5:5 정도라고 밝혀왔지만 솔직히 그들도 신경과학 연구 결과를 잘 알고 있었을 것이다. 햄브릭 교수 연구팀의 연구 방법 자체에 대해 비판을 가하는 학자들도 다수 있지만 그들도 이 연구 결과 자체를 부정하기 보다는 4%라는 엄청나게 낮은 수치와 이 결과로 인한 사회적 파장을 걱정하고 있을 것이다.

그런데 이 연구 결과를 보는 필자의 견해는 다소 다르다. 일단 필자는 '공부 잘하는 뇌'가 따로 있고, 사람들마다 그 능력에 차이가 난다는 것 자체는 인정한다. 다만 이 연구 결과가 '노력해도 소용없다'는 의미로 해석되는 것에는 반대한다. 성인의 키 분포를 히스토그램으로 그리면 정규분포^{normal distribution}를 이루듯이 '타고난 공부하는 머리'도 정규분포를 이루고 있다(이는 IQ의 분포에서도 간접적으로 확인할 수 있다). 위에 그린 IQ의 분포 그래프에서처럼 IQ 145가 넘는 사

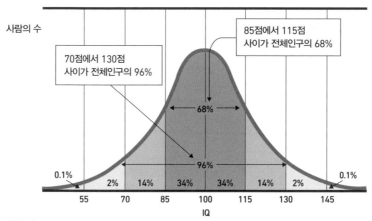

성인 아이큐의 분포도

람은 불과 전체 인구의 0.1%에 불과하며 대부분은 평균 근처의 값을 가진다.[59] 앞서 예시로 언급한 '수학 천재'인 필자의 친구나 '공부를 별로 하지 않는데도 1등을 놓치지 않는 학생'들, 그리고 천재를 이야기할 때 빠지지 않는 아인슈타인이나 에디슨은 타고난 머리가 있을지 모르지만, 대부분의 사람들은 타고나는 머리에 크게 차이가 없다는 것이다. 필자는 한 학기 강의를 마치고 성적을 산출할 때, 꼭 B와 C 학점 경계에 많은 학생들이 몰려서 단 0.1점의 차이로 학점이 나눠지는 경험을 자주 한다. 그 부근이 바로 정규분포에서 평균에 해당하기 때문이다. 연습이 실력을 향상시키는 비율이 단 4%라고 하더라도 이 4%가 결과를 180도 바꿀 수도 있다. 반대로 0.1%의 머리를 가지고

----

[59] 물론 IQ와 공부하는 뇌와의 상관성은 밝혀지지 않았지만 분포가 유사할 것이라고 가정하자.

있으면서도 자신의 좋은 머리만 믿고 노력하지 않아 공부를 잘 하지 못하는 사례도 자주 목격할 수 있다.

또 다른 측면에서, 뇌의 구조와 기능을 살펴보면 '신은 공평하다'는 오랜 격언이 사실이라는 생각을 하게 된다. 여러분은 수학과 과학을 잘 하면서(그냥 잘하는 수준이 아니라 천재적이면서) 동시에 음악과 미술에도 천부적인 재능을 가지고 있는 사람들을 주위에서 자주 본 적이 있는가? 역사적으로 봐도 레오나르도 다빈치와 같은 극히 드문 예외를 제외하면 과학과 예술에 걸쳐 동시에 천부적인 재능을 가진 인물은 많지 않다. 흔히 '공부하는 뇌'를 타고 난 사람들은 전전두엽 피질[60]이 발달한 사람들이라고 한다. 인간의 뇌에서 전전두엽 부위는 수학계산이나 고차원적 사고, 작업기억[61] 등을 담당하는데, 동시에 뇌의 다른 여러 부분의 활동을 통제하는 역할도 담당한다. 컴퓨터로 비유하면 중앙처리장치[CPU]에 해당하는 부분이다. 우리가 소위 '감정'이라고 부르는 기능(두려움, 역겨움, 기쁨, 질투 등)은 대부분 뇌의 깊은 곳에 위치한 변연계[limbic system]의 활동에 의해 나타나는데 이 부분을 통제하는 역할을 하는 부위가 바로 '이성'적인 사고를 담당하는 전전두엽이다. 전전두엽이 발달한 사람들은 전전두엽이 변연계의 활동을 억제하기 때문에 감정적이기 보다는 이성적이 되기 쉬우며 예술가가 가져야 하는 예술적 감수성이 억제되는 경우가 많다. 반면에 위

---

60   prefrontal cortex, 이마 뒷부분에 있는 뇌 영역
61   working memory, 단기 기억의 일종

자신의 귀를 도려낸
빈센트 반 고흐

대한 예술가들 중에는 전전두엽의 활동이 상대적으로 떨어져서 변연
계를 잘 억제하지 못하기 때문에 충동적인 행동을 자주 하거나 조울
증과 같은 감정 관련 정신 질환을 앓은 사례가 많다. 자신의 귀를 도
려낸 빈센트 반 고흐나 조울증을 가진 것으로 잘 알려진 베토벤, 톨
스토이, 버지니아 울프 등이 좋은 예다. 이처럼 '신은 인간에게 공평
한 능력을 부여했다'는 말은 어느 정도 사실인 듯하다. 그럼에도 불
구하고 우리 사회는 개인마다 지니고 있는 재능과 타고난 능력을 무
시한 채 너무 획일적으로 '공부'만 하기를 원하는 것은 아닌지 다시
한번 생각해 볼 일이다.

최근 과학자들은 뇌공학이 발전하며 생길 수 있는 여러 가지 윤

리적인 문제를 예상하고, 적절한 해결 방법을 찾기 위해 '신경윤리학 Neuroethics'이라는 새 분야를 연구하기 시작했다. 거짓말 탐지 MRI 기술도 신경윤리를 고려한 연구가 이뤄지길 기대하며 나아가 첨단 뇌공학 기술이 인류의 행복을 위한 도구로 사용될 수 있다는 좋은 사례를 제시해 주기를 기대한다.

뇌신경 지도를 그린다!

인간 커넥톰 프로젝트

Engineering for Brain,
Brain for Engineering

"제 뇌에 무슨 문제가 있나요?"

"시상과 브로드만 영역 28번을 연결하는 48273번 신경회로, 해마와 섬엽을 연결하는 2982번 신경회로에 이상이 발견됐습니다. 요즘 기억력이 떨어지거나 환청이 들리지 않았나요?"

"네, 맞아요. 이제 어떻게 하면 되죠?"

"우리 병원에서 최근에 개발한 신경 연결성 강화 유전자 치료를 받으면 나으실 수 있습니다."

30년 뒤, 대학병원의 신경과에서 환자와 의사 사이에 오갈 수도 있는 대화다. 앞으로는 사람의 유전자 염기 서열을 분석하는 것처럼 뇌의 여러 부분들을 서로 연결하는 신경회로망을 분석해서 뇌의 이상을 알아내는 날이 올 것이다. 2000년대 초 과학기술의 새 장을 연

'인간 게놈 지도(인간 유전자 지도)'가 탄생했다. 이제 과학자들은 첨단 의학 영상 기술과 컴퓨터의 힘을 빌려 뇌 신경이 어떻게 연결돼 있는지 알 수 있는 인간 커넥톰[62] 지도를 만들기 시도를 시작했다. 인간 뇌의 궁극적인 비밀을 열 수 있는 열쇠인 인간 커넥톰 프로젝트에 대해 알아보자.

언제부터?

18세기 후반부터 19세기 초반까지 뇌과학 분야의 가장 큰 화두는 '골상학phrenology'이라는 학문이었다. 프란츠 갈Franz Joseph Gall이라는

---

62 connectome: 연결성connectivity과 게놈genome의 합성어로, 연결성 지도라는 의미.

프랑스의 생리학자가 1796년 창시한 이 분야는 1840년까지 대단한 인기를 얻었는데, 심지어는 '골상학 저널'이나 '골상학 학회'까지 있었을 정도로 주류 학문 분야로 인정받았다. 골상학이란 두개골의 형상을 통해 인간의 심리적 특성을 파악할 수 있다는 믿음에서 시작된 학문이다. 대뇌의 각 부분은 서로 다른 기능을 하고 있기 때문에 특정한 기능이 발달돼 있으면 그 윗부분에 위치한 두개골도 발달하게 될 것이라는 이론이다. 사실 골상학이라는 학문은 현대 의학의 관점에서 본다면 전혀 과학적인 근거가 없는 이론에 불과하지만 뇌의 서로 다른 부위가 서로 다른 기능을 한다는 골상학의 가설은 현대 뇌과학의 발달에 큰 기여를 했다.

골상학의 인기가 시들해지던 19세기 후반, 독일의 신경학자인 코비니안 브로드만Korbinian Brodmann은 현미경과 수술용 메스만을 이용해 인간의 뇌에서 서로 다른 세포 구조를 가지고 있는 영역 52개를 분류해 내는 데 성공했다. 이후에 알려진 사실은 이 영역들이 뇌에서 서로 다른 기능을 하고 있다는 것이다. '브로드만 지도'라 부르는 이 지도는 만든 지 100여 년이 지났지만 지금도 뇌를 서로 다른 영역으로 분류하기 위한 기준으로 쓰이고 있다. 하지만 뇌가 만들어 내는 인간의 복잡한 사고, 기억, 판단, 인식, 의식 등을 모두 설명하기엔 52개의 브로드만 영역은 턱없이 부족하다. 뇌과학자들은 사람의 복잡한 인지 과정이 어쩌면 뇌의 신경세포 하나하나가 만드는 것이 아니라 신경세포들이 정보를 주고받는 과정에서 발생하는 것이 아닐까 하는 생각에 이르게 됐다.

신경세포 사이의 연결성에 대한 전 세계적인 관심을 불러일으킨 사람은 바로 공초점레이저 주사현미경의 개발자이기도 한 미국 위스콘신주립대 존 화이트[John White] 교수다. 1986년 화이트 교수는 예쁜꼬마선충[c. elegans]이라는 1 mm 크기 선충의 뇌에 있는 302개 신경세포 사이의 모든 연결성을 찾아 지도로 만드는 데 성공했다. 신경세포의 수는 302개에 불과했지만 각 신경세포들의 연결쌍은 7,000개가 넘었다. 연구팀은 이를 일일이 눈으로 확인해 이름을 붙이는 작업을 해야만 했고 결국 작은 선충의 완전한 '커넥톰(연결성 지도)'을 알아내는 데 20년이라는 긴 시간이 걸렸다.

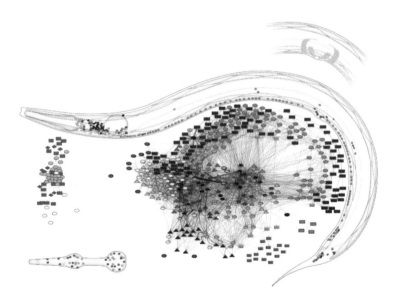

예쁜꼬마선충의 커넥톰(출처: Cook 등, Nature, 2019.)

연결성 지도를 만들어라

사람의 뇌에는 예쁜꼬마선충보다 수십억 배나 많은 1,000억 개 이상의 신경세포들이 있고, 신경세포들 사이의 연결인 '시냅스'는 100조 개 이상인 것으로 알려져 있다. 인간 게놈 프로젝트에서 13년 만에 완전 해독에 성공한 염기서열의 쌍이 총 30억 개였다는 점을 감안한다면 현재 분석 기술로는 인간의 완전한 뇌 연결성 지도를 알아내는 것은 현실적으로 어려워 보인다. 단순 계산만으로도 연결성 정보를 저장하는 데에 필요한 컴퓨터 용량만 수 페타바이트(1페타바이트는 1,024테라바이트)에 이를 것으로 예상된다.

뇌의 DTI 연결성 지도(출처: BrainSuite toolbox)

결국 뇌과학자와 뇌공학자들은 조금 더 효율적인 방법을 고안해 냈다. 신경세포 사이의 연결성 지도를 만드는 일과 뇌 영역들 사이의 연결성 지도를 만드는 일을 나눠서 함께 진행하는 전략을 택한 것이다. 이 둘 사이의 연결 고리를 만드는 임무는 계산 신경과학자들의 몫이 됐다. 이것으로 2010년 세계적인 뇌과학자와 뇌공학자들이 모여 '인간 커넥톰 프로젝트'라는 21세기형 인간 게놈 프로젝트가 시작됐다.

인간의 뇌 지도를 밝히는 연구에 도전할 수 있었던 것은 뇌영상 기술의 놀라운 발전 덕분이다. 생체공학자들은 멀리 떨어진 신경세포들을 연결하는 신경섬유$^{nerve\ fiber}$ 다발의 구조를 뇌를 해부하지 않고도 MRI 기계만을 이용해서 관찰할 수 있는 새로운 방법을 찾아냈다. 신경섬유는 뇌의 여러 부분들을 연결시켜주는 '정보의 고속도로' 역할을 한다. 확산텐서영상^{DTI}이라고 불리는 새로운 영상 기술을 통해 MRI 기계에 30분 정도 누워있으면 개인의 뇌신경 회로도를 그릴 수 있게 됐다. 이 분야에서 우리나라 뇌공학자들은 이미 세계적인 수준에 도달해 있다. 한양대 바이오메디컬공학과 이종민 교수 연구팀과 삼성서울병원 신경과 나덕렬 교수 연구팀은 이 기술을 이용해 인지장애가 있는 환자들이 정상인과 비교해 뇌 영역 사이의 연결성에 큰 차이가 있다는 사실을 보고하기도 했다.

뇌의 연결성 지도는 신경섬유 다발의 공간적인 분포를 의미하는 '해부학적 연결성$^{anatomical\ connectivity}$ 지도'와 눈에 보이지는 않지만

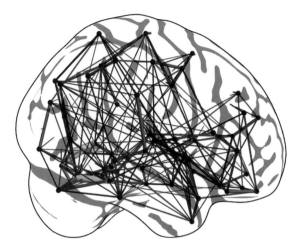

(출처: https://team.inria.fr/parietal/)

교통량 지도는 뇌의 기능적 연결성 지도에 해당한다.

뇌의 영역과 영역이 서로 정보를 주고 받는 관계를 지도로 나타내는 '기능적 연결성^{functional connectivity} 지도'로 나뉜다. 기능적 연결성 지도는 반드시 해부학적 연결성 지도와 일치하지는 않는다. 우리 뇌의 연결성 지도는 우리나라의 도로망과 유사하다. 차가 많이 지나다녀서 항상 막히는 도로가 있는가 하면 간간히 한 대씩 차가 지나다니는 한적한 시골 도로도 있다. 시간대에 따라 아침에 많이 막히는 길이 있는가 하면 저녁 때 많이 막히는 길도 있다. 차량용 네비게이션에 나타나는 복잡한 도로망은 뇌의 해부학적 연결성 지도에 해당하고 현재의 교통량을 색으로 나타낸 교통량 지도는 뇌의 기능적 연결성 지도에 해당한다.

기능적 연결성을 계산하는 방법은 개념적으로는 매우 간단하다. 두 개의 시간에 따라 변하는 신호가 있을 때, 두 신호가 같이 움직이는지를 보면 된다. 이렇게 두 신호가 같이 움직이는 현상을 전문적인 용어로 동기화^{synchronization}가 되었다고 한다. 특히 복잡한 사고를 할 때는 관련된 여러 뇌 부위가 동시에 활성화되는데 이 때 fMRI나 뇌파를 분석하면 각 부위들에서 발생하는 신호가 매우 유사한 형태로 변하는 것이 관찰된다. 이 때 여러 부위가 기능적으로 서로 연결돼 있다고 말한다. 앞선 네비게이션의 예에서 여러 지역 사이의 교통량이 증가해서 빨간색으로 나타난 것과 같다. 최근에는 휴식상태^{resting state} 기능적 연결성이라는 분야가 빠르게 발전하고 있는데 말 그대로 우리 뇌가 특정한 일을 하고 있지 않을 때 뇌의 여러 부분 사이의 동기화를 관찰하는 연구 분야다. 우리가 어떤 생각을 하거나 감각기관들이 외부 자극을 받아들이지 않을 때에도 우리 뇌는 끊임없이 활동하고 있다. 물론 그 활동의 강도는 뇌가 특정한 활동을 할 때에 비해서는 약하지만 말이다. 이는 우리 뇌의 활동이 필요할 때, 즉각적으로 반응해야 하기 때문에 뇌가 활동할 준비를 하고 있는 것으로 볼 수도 있다. 마치 오래된 디젤 자동차는 출발 전에 충분한 예열을 해야 하는 것에 비유할 수 있다. 이런 휴식 상태의 뇌 활동을 최신 공학 기술을 이용해서 분석해 보면 특정한 뇌 영역들 사이에 강한 동기화가 관찰되는데 재미있게도 이렇게 휴식 상태에서 동기화가 된 부분들은 우리가 일상에서 자주 하는 행동이나 생각을 할 때의 기능적 연결성과 매우 잘 일치한다. 기능적으로 잘 연결된 뇌 영역들은 휴식상태일 때에도 서로 끊임 없이 정보를 주고받고 있다는 의미다. 최근에는 이런 휴식상태 기능적 연결성이 특정한 정신질환을 가진 환자들에게서 비정상적인 형태로 나타난다는 사실이 밝혀지기도 했다.

최근 뇌영상공학 분야의 최대 이슈 중 하나는 뇌의 복잡한 연결성 지도를 보다 이해하기 쉽게 수치화하거나 시각화하는 것이다. 뇌공학자들은 그래프이론[63]이라는 수학 이론을 이용해서 뇌의 연결성 패턴을 알아내려는 시도를 하고 있다. 그래프 이론은 스위스 출신의 위대한 수학자 중 한 명인 레온하르트 오일러$^{Leonhard Euler}$가 300여 년

---

63 Graph theory, 그래프의 특성을 연구하는 수학과 컴퓨터 과학의 한 분야로, 특정 집단 내 대상들 간의 관계를 그래프로 나타낸 수학적 구조이다.

전 쾨니히스베르크의 다리 문제를 풀기 위해 제안한 방법으로 잘 알려져 있다. 그래프 이론은 최근 들어 다양한 분야에 적용되면서 재조명되고 있는데 그 대표적인 응용 분야 중 하나는 스마트폰의 급속한 보급과 함께 일상 용어가 되다시피 한 소셜 네트워크 서비스^{social network service: SNS}(사회관계망 서비스)다. 사회관계망 서비스의 대표 주자인 페이스북^{facebook}을 예로 들면, A라는 사용자는 수천 명의 페친(페이스북 친구)을 가지고 있지만 그의 페친인 B라는 사용자는 수십 명의 친구만을 가지고 있을 수 있다. 하지만 페이스북의 오픈 플랫폼 덕분에 B의 페친이면서 A의 페친이 아닌 C는 A가 제공하는 정보를 B가 클릭하는 '좋아요'를 통해 접해볼 수 있다. 심지어 C는 A의 페친인 D가 제공하는 정보를 A와 B를 통해 접하게 될 수도 있다. 만약 당신이 제품을 판매하고 홍보하는 마케터라면 제한된 노력으로 최대의 광고효과를 내기 위해 어떤 사람을 공략 대상으로 삼을까? 답은 물론 가장 많은 사회적 연결성을 가진 A다. 그래프 이론에서는 연결성을 많이 가진 노드[64]를 찾기 위해 차수^{degree}라는 값을 계산한다. 그래프 이론을 이용해서 차수를 계산하면 A가 가장 높은 차수를 가진 사람으로 계산된다. 이 방법은 가장 많은 팔로워^{follower}를 가진 트위터^{twitter} 사용자를 찾는 것과 같은 방식으로서 단순히 한 노드에 연결된 연결쌍의 개수를 세는 가장 간단한 방법이다. 그런데 실제 사

---

64 node, 점을 의미하며 뇌의 경우에는 뇌의 영역, 사회 관계망에서는 사람이 여기에 해당한다.

세계 항공망 네트워크 - 그림에서 짙은 색으로 표시된 지점들이 허브 공항을 나타낸다.

회관계망은 이렇게 단순한 구조를 가지지는 않는다. 1,000명의 페친을 가진 A라는 사람이 있고 또 1,000명의 페친을 가진 B라는 사람이 있을 때, 이들 두 그룹 사이에 연결 고리가 없다면 두 그룹의 사람들 사이에는 정보 교류가 이루어질 수 없다. A의 페친이면서 동시에 B의 페친인 C라는 사람이 있어서 A, B 그룹의 게시물에 열심히 '좋아요' 버튼을 누르는 사람이 있어야 두 그룹 사이에 정보가 전달될 수 있는 것이다. 이렇게 그룹과 그룹을 연결해 주는 역할을 하는 노드를 '허브hub 노드'라고 한다. 허브라는 말은 일상생활 용어로도 자주 사용이 되는데 '허브 공항'이 바로 그것이다. 비행편을 이용해서 미국 시카고에서 제주도로 가기 위해서는 시카고에서 인천공항으로, 그리고 인천공항에서 제주도로 비행기를 갈아타야 한다. 시카고에서 제주도로 직접 운항하는 항공편이 없기 때문이다. 이 때 '인천공항'은 '허브 공항'의 역할을 하는 것이다. '허브 공항'은 보통 높은 차수를 가지지

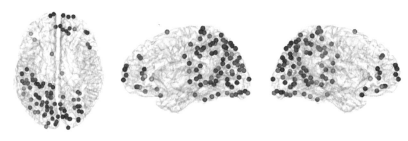

우리 연구팀이 그래프 이론을 이용해서 밝힌 조현병 환자의 뇌 네트워크 이상 부위. 점이 찍혀 있는 부위는 조현병 환자에게서 네트워크 허브 기능이 감소한 부위를 나타낸다. (출처: Schizophrenia Research)

만(많은 연결성을 가지지만) 사회 관계망에서는 반드시 허브 노드가 높은 차수를 가지지는 않을 수 있다. 복잡한 관계망 안에서 '허브'를 찾아내기 위해서 그래프 이론에서는 매개 중심성betweenness centrality이라는 지표를 계산한다. 말 그대로 노드와 노드의 매개에서 중심적인 역할을 하는 노드를 찾아내는 방법이다. 뇌의 연결성 지도에서 '허브' 역할을 하는 뇌의 영역이 중요한 이유는 치매나 조현병[65]과 같은 다양한 신경정신 질환을 앓고 있는 환자들에게서 '허브' 영역이 변경되거나 '허브' 영역의 기능이 떨어지는 현상이 발견되기 때문이다. 이처럼 뇌의 복잡한 네트워크를 수치적으로 분석함으로써 다양한 뇌 질환의 발생 기전을 밝힐 수 있을 뿐만 아니라 뇌 질환을 진단하기 위한 생체표시자[66]를 개발할 수 있다. 뇌의 연결성 분석에 새로운 수학

---

[65] schizophrenia, 과거에는 정신분열증으로 불렸으나 용어에 대한 거부감으로 인해 최근 조현병이라는 새로운 용어로 바뀌었다.

[66] biomarker, 질환을 진단하기 위해 사용하는 다양한 지표를 의미한다.

이론을 적용하는 이같은 사례는 뇌과학의 발전을 위해서 다양한 분야의 융합 연구가 필요하다는 사실을 다시 한번 일깨워준다.

미래는?

뇌과학자들은 확산텐서영상을 통해 찾아낸 각각의 신경섬유 다발이 우리 뇌에서 어떤 기능을 하는지 알아내기 위해 노력 중이다. 뇌의 두 부분이 서로 연결되어 있다는 사실을 알아도 그 연결이 어떤 기능을 하는지 모른다면 쓸모없는 정보일 수 있기 때문이다. 이전까지는 이것을 알아내기 위해 뇌파나 기능적 자기공명영상^{fMRI}을 이용했다. 하지만 최근 신경과학 분야에서 광유전학^{optogenetics}이라는 기술이 발달하면서 더욱 정확한 정보를 얻을 길이 열렸다.[67] 이 기술을 사용하면 빛을 이용해 특정한 신경세포만 선택적으로 자극하고 이때 반응하는 다른 신경세포들을 추적할 수 있다.

복잡한 인간 뇌의 모든 연결성을 알아내 완전한 커넥톰을 그리는 것은 앞으로도 불가능할지 모른다. 그러나 인간 커넥톰 프로젝트를 통해 인간의 뇌와 뇌에 생기는 질병들에 대해 더욱 잘 이해할 수 있게 된다는 것은 분명하다. 뇌의 이상을 특정한 뇌 영역이 아니라 뇌신경회로망의 이상으로 이해하게 된 것은 자폐증, 조현병, 파킨슨병과 같은 뇌질환의 원인을 밝힐 수 있는 중요한 실마리를 제공했다.

---

[67] 이 기술에 대해서는 뒤에 좀 더 자세히 다루도록 한다.

신경외과 수술에서도 뇌의 특정 부위를 잘라내는 수술 대신 신경섬유 다발을 끊어주는 수술 기법이 발전하고 있다. 먼 미래에는 우리 뇌의 잘못된 연결이나 끊어진 연결을 재생시킬 수 있는 유전자 치료나 줄기세포 치료 방법이 개발돼서 뇌질환으로 고통받는 환자들에게 희망을 줄 수 있을 것이다.

슈퍼컴퓨터로 치매 예방!

첨단 뇌영상 분석기술

Engineering for Brain,
Brain for Engineering

할머니는 10여 년 전 알츠하이머 치매 1기 진단을 받으셨다. 치매 치료제는 아직 없지만 정기건강검진에서 치매를 빨리 발견해 치료를 일찍 시작한 덕분에 별 증세 없이 건강하시다. 할머니의 치매를 빨리 찾을 수 있었던 것은 슈퍼컴퓨터를 이용한 첨단 뇌영상 분석 기술이 있었기에 가능한 일이었다.

　아직은 현실이 아니지만 이런 일이 곧 가능해질 것이다. 필자는 강의 시간에 "치매는 인간에게 가장 잔인한 질병 중 하나"라는 말을 자주 한다. 인간을 고통스럽게 하는 많은 질병들이 있지만, 유독 치매에 걸리면 '나'를 잃어버리기 때문이다. 사랑하는 사람이 치매에 걸려 '나'를 잃어가는 과정을 지켜볼 수밖에 없다는 것은 너무나 고통스러운 일이기에 치매는 수많은 멜로드라마와 영화의 단골 소재가

됐다. 안타깝게도 치매는 아직 불치병이다. 또 나이가 들수록 치매의 발병률은 기하급수적으로 증가한다. 고령화 사회가 되면서 치매가 중요한 이슈가 될 수밖에 없는 이유다. 치매를 아주 초기에 진단하면 약물치료를 통해 치매의 진행을 늦출 수 있다. 하지만 현재의 기술로는 초기에 치매를 정확히 진단하는 것이 불가능하다. 많은 뇌공학자들은 이 불가능을 가능으로 바꿀 수 있는 해결책을 슈퍼컴퓨터에서 찾고 있다.

뇌영상 분석 기술의 서막

치매에 걸리면 뇌의 여러 부분이 쪼그라든다(위축). 뇌의 위축이 처음 일어나는 곳이 주로 단기 기억을 담당하는 곳이기 때문에 건망증이 제일 먼저 온다. 전두엽 부위가 위축되면 판단력이 떨어지거나 감정 절제가 어려워지고, 언어 부위가 위축되면 말이 어눌해진다. 하지만 1990년대까지는 아주 중증의 치매환자가 아닌 이상 뇌가 위축되는 미세한 변화를 추적할 방법이 없었다.

실마리를 제공한 사람은 뜻밖에도 대학에서 수학을 전공한 젊은 연구원이었다. 미국 웨슬리안대 수학과[68]를 수석으로 졸업한 브루스 피슬Bruce Fischl은 수학을 뇌연구에 접목시키겠다는 큰 꿈을 품고 뇌과학 분야로 전공을 바꿔 대학원에 진학했다. 이처럼 파격적으로 전공 분야를 바꿀 경우엔 새 전공 분야에 적응하기가 매우 어렵다. 피슬도 예외가 아니라 대학 졸업 후 10년 만에 박사 학위를 받을 때까지 연구 실적이 아주 초라했다. 그런 피슬 박사가 매사추세츠 종합병원에서 뇌과학 분야의 대가 앤더스 데일Anders Dale 박사를 만난 건 행운이었다. 2000년 브루스 피슬 박사는 앤더스 데일 박사와 함께 살아 있는 사람의 뇌를 MRI로 촬영해 대뇌 피질의 두께를 자동으로 측정하는 수학 알고리듬을 개발했다. 이 연구로 신경세포의 대부분이 분포된 대뇌 피질의 어떤 부분이 위축됐는지를 수치와 그림으로 나타날 수 있게 됐다. 피슬 박사는 이 논문 한 편으로 신경과학 분야의 블루칩으로 부상했고 덕분에 MIT 교수가 됐다. 피슬 박사의 이야기는 신경과학 분야에서 '신데렐라 스토리'로 통한다.

---

[68] 미국 대학 랭킹에 따르면 이 대학 수학과는 100위권 정도로 그리 유명하지 않다.

어디까지 왔나?

피슬 박사가 제안한 대뇌 피질의 두께를 측정하는 방법이 가장 먼저 적용된 분야는 역시 치매였다. 많은 연구자들이 치매 환자의 MRI 데이터에 피슬 박사의 방법을 적용해서 대뇌 피질의 두께가 얇아지는 현상, 즉 뇌가 위축되는 현상을 눈으로 확인할 수 있었다. 이 결과들은 치매의 조기 진단이 금방이라도 실현될 것 같은 환상을 심어주기에 충분했다. 하지만 현실은 달랐다. 우선 한 명의 뇌 영상을 정확하게 분석하려면 며칠이나 시간이 걸리는 것이 문제였다. 또 다수의 치매 환자와 정상인을 대상으로 한 비교 연구에서는 분명히 통계적으로 피질 두께가 감소한 것으로 나타났지만, 개인별로 진단을 하기에는 개인차가 너무 크다는 것 역시 문제였다.

첫 번째 문제를 해결하기 위해 뇌공학자들은 뇌영상 분석에 슈퍼컴퓨터를 쓰기로 했다. 뇌공학자들은 고성능의 슈퍼컴퓨터에 병렬연산 알고리즘을 적용해 분석에 걸리는 시간을 획기적으로 단축했다. 두 번째 문제 해결을 위해 뇌공학자들은 대뇌 피질 두께 이외의 다른 변화들도 함께 관찰하기 시작했다. 현재 가능성 있는 후보들은 대뇌 주름의 모양 변화나 해마의 형태 변화 등이다. 흥미롭게도 이런 연구를 주도하고 있는 사람들은 브루스 피슬 박사의 예에서처럼 수학이나 전산학을 전공한 연구자들이 많다. 뇌과학 분야가 여러 학문들의 융합에 의해 발전할 수 있다는 사실을 보여주는 좋은 사례다.

한 때, 일부 뇌과학자들은 특정한 뇌 영역의 대뇌 피질의 두께가 두꺼우면 더 많은 신경세포가 있을 것이므로 그 부분의 활동이 더 클 것이라는 생각을 했다. 이 가설이 사실이라면 전두엽의 두께가 두꺼운 사람은 상대적으로 두께가 얇은 사람들보다 '더 머리가 좋은 사람'일 가능성이 높을 수 있다. IQ 테스트를 따로 받지 않고도 전두엽의 두께를 측정하면 지적인 능력을 측정할 수 있으리라는 생각도 할 수 있다. 실제로 이 가설은 상당히 오랜 기간 동안 받아들여진 것으로 보인다. 필자는 인터넷 검색을 하다가 대뇌 피질의 두께가 두꺼운 부위에 보다 높은 뇌 활성이 일어난다는 가정하에 1990년대에 수행된 적이 있는 미국과 캐나다의 연구 프로젝트 두 건을 발견한 적이 있다. 하지만 이후에 전자현미경을 이용해서 피질의 두께가 두꺼운 부위와 얇은 부위의 신경세포 밀도를 (일일이 손으로 세어서) 계산해 보니 오히려 얇은 부위의 신경세포 밀도가 높아서 세포의 개수가 많거나 두꺼운 부위의 신경세포 밀도가 오히려 낮아서 세포의 개수가 적은 경우도 있었다. 즉 피질의 두께와 신경세포의 수 사이에는 직접적인 상관관계가 없다는 의미다. 더구나 최근 들어서 뇌의 기능은 신경세포의 수보다는 신경세포 사이의 시냅스 연결 개수에 좌우된다는 사실이 밝혀지면서 전두엽의 두께가 지능과 관계가 있을 것이라는 이론은 점차 폐기되고 있다.

슈퍼컴퓨터를 사용할 정도로 시간이 오래 걸리지는 않지만 뇌파를 이용해서도 치매를 진단하는 생체지표를 얻을 수 있다. 뇌파는 뇌의 상태를 직접적으로 반영하기 때문에 치매와 같이 뇌의 기능이 떨어진 경우에는 정상과 다른 뇌파가 발생한다. 치매로 인한 뇌파 신호 변화는 매우 작기 때문에 눈으로 파형을 확인하거나 간단한 분석 방법을 이용해서는 관찰하기 어렵다. 그래서 다양한 공학 기술들을 사용하는데, 수학이나 물리학에서 발전한 카오스 이론chaos theory을 접목하거나 기계공학에서 주로 사용하는 동역학 이론을 도입하기도 한다. 이런 이론들은 뇌파가 가지고 있는 불규칙한 정도나 복잡도complexity 등을 측정하는데, 질환에 따라 다르지만 일반적으로 뇌의 기능이 떨어지면 불규칙성은 커지고 복잡성은 감소하는 경향이 관찰된다.

뇌공학자들은 치매의 진단 뿐만 아니라 치매의 치료나 예방을 위한 뇌공학 기술도 개발하려고 노력하고 있다. 재밌게도 다윈의 자연선택과 멘델의 유전법칙에 밀려 진화학 분야에서는 폐기된 이론인 라마르크의 용불용설은 뇌과학 분야에서 다시 그 빛을 발하고 있다. 앞서 잠시 소개한 적이 있지만 우리 뇌는 끊임 없이 변하기 때문에 자주 사용하는 뇌 영역은 시냅스 연결이 증가한다. 앞서 도로망에 비유한 신경섬유 다발의 분포에서도 많은 정보가 오가서 '교통 정체'가 일어나는 신경섬유 다발은 '차선'을 늘려서 정보의 정체가 없도록 한다. 그렇다면 치매를 예방하거나 치료하는 가장 좋은 방법은 무엇일까? 그렇다. 뇌를 많이 사용해서 시냅스와 신경섬유의 수를 늘리면 된다. 흔히 회자되는 '고스톱을 즐기면 치매가 예방된다'는 말은 전혀 근거 없는 말이 아니다. 치매가 주로 발생하는 부위인 해마나 전두엽

뇌파와 연동한 치매 인지재활 기기의 개념 디자인

을 자주 사용하면 뇌의 가소성에 의해 치매 진행을 늦추거나 예방할
수 있다. 우스개 소리가 아니라 실제로 고스톱은 상당한 기억력, 판
단력, 계산능력을 필요로 한다. 노인들도 다양한 사회 활동이나 여
가 활동을 통해 끊임없이 뇌를 쓰는 것이 필요하다. 뇌공학자들은 노
인들이 가정에서 쉽게 뇌를 쓸 수 있는 재미있는 게임 형태의 인지재
활[69] 기계를 개발하고 있다. 최근에는 뇌파를 이용해서 사용자의 지
루함이라던가 피로도를 측정해서 자동으로 콘텐츠를 바꿔주는 첨단
장비도 개발되고 있다.

---

[69] cognitive rehabilitation, 다치거나 기능이 떨어진 신체 부위를 운동을 통해서 회복하
는 것을 재활이라고 하듯이 기능이 떨어진 뇌를 회복하는 것을 인지재활이라고 한다.

뇌영상 분석 기술의 미래는?

뇌영상 분석을 통해 정확한 개인별 뇌질환 진단을 하기 위해서는 수천 명의 뇌영상 데이터를 분석해 방대한 데이터베이스를 구축해야 한다. 2012년에는 뇌영상의 데이터베이스를 구축하기 위한 국제 뇌연구 공동연구망인 'G브레인(G는 글로벌global을 뜻한다)'이 탄생했다. G브레인은 우리나라, 미국, 독일, 캐나다의 4개국 6개 슈퍼컴퓨터 센터를 연결해 서로의 뇌영상 분석 결과를 공유하고 자유롭게 슈퍼컴퓨터를 활용하기 위한 국제 공동 연구 프로젝트이다. 우리나라에서는 한국과학기술정보연구원KISTI과 한양대학교 바이오메디컬 공학과가 참여한다.

최근 인공지능AI 기술이 발전하면서 뇌영상 분석에 인공지능을 도입하려는 시도가 활발하다. MRI에서 얻어진 대뇌 피질 두께 정보뿐만 아니라 유전체 정보나 핵의학영상 정보 등을 인공지능으로 분석해서 치매를 조기진단하는 기술이 개발되고 있다. 이 분야에서 우리나라 연구자들의 활약이 대단한데 최근에는 치매 조기 진단 기술을 가진 국내 스타트업 회사도 여러 개 설립돼서 세계시장 진출을 노리고 있다.

뇌질환의 정확한 진단이 가능하기 위해서는 일단 우리 뇌에 대한 정밀한 지도가 완성돼야 한다. 이를 보통 브레인맵Brain Map이라고 부른다. 앞서 소개한 커넥톰도 브레인맵의 일종이라 할 수 있다. 이런 브레인맵이 완성된다면 뇌질환의 진단 이외에도 많은 분야에 적용이 가능하다. 1970년대 상용화된 후 전 세계 수십만 명의 청각장애인들에게 세상의 '소리'를 들을 수 있게 해 준 인공와우(인공달팽이관)는 신경보철neuroprosthesis 기술의 대표적 성공 사례로 꼽힌다. 인공와우는 귀에 전달되는 소리의 진동을 전기 신호로 변환하는 유모세포hair cell가 손상된 환자의 달팽이관에 직접 전기 신호를 보내는 방법으로 소리를 들을 수 있게 해 준다. 2013년 7월에는 인공망막이 미국 식품의약품안전청FDA의 승인을 받아 2014년 초부터 시각장애인들에게 시술되기 시작했다. 인공망막도 인공와우와 유사하게, 빛을 전기 신호로 바꿔 주는 광수용체 세포가 손상된 환자의 망막에 직접 전기 자극을 가하는 방법으로 사물을 볼 수 있게 해 준다. 하지만 두 방식 모두 달팽이관의 유모세포나 망막의 광수용체세포만 손상되고 다른 신경계가 온전한 환자들에게만 쓸 수 있다는 한계가 있다. 예를 들어 유모세포나 광수용체세포는 온전해도 신경신호가 전달되는 회로가 손상된 환자들에게는 적용할 수 없다. 뇌과학 연구를 통해 밝혀진 재미있는 사실 중 하나는 우리가 어떤 소리를 들을 때, 그 소리에 포함된 서로 다른 주파수 성분들이 뇌의 청각 피질에 있는 각기 다른 신경세포들에 전달된다는 것이다. 이와 유사하게 우리 눈 앞에 보이는 사진 영상의 픽셀(화소) 하나하나도 뇌 시각 피질의 각기 다른 신경세포들에 전달된다. 이런 현상을 각각 음위상tonotopy과 시각위상visuotopy이라고 부른다. 만약 우리들 뇌의 브레인맵을 완전하게 알고 있다면 달팽이관이나 망막에 전극을 삽입하는 대신 뇌의 청각

피질, 시각피질에 전극을 부착하고 미세 전류를 흘려 자극하면 환자가 소리를 듣거나 사물을 보는 것이 충분히 가능하다. 치아가 빠진 자리에 인공적으로 만든 임플란트를 이식하는 것처럼, 손상된 신경을 대신하는 '뇌 임플란트'가 이론적으로 가능하다는 의미다. 실제로 인공 망막인 '아르거스II^{Argus II}'를 개발한 미국의 세컨드 사이트 메디컬 프로덕츠^{Second Sight Medical Products}사는 2020년부터 '오리온^{Orion}'이라고 불리는 브레인 임플란트 인공 시각 장치를 임상실험하고 있다.

최신 뇌영상 분석 연구 결과에 따르면 치매 이외에도 조현병, 범불안장애, 강박증, 우울증과 같은 다양한 뇌질환 환자들의 경우에도 뇌의 특정한 부위가 변형되거나 위축이 발생한다고 한다. 뇌공학자들의 노력으로 가까운 미래에는 다양한 뇌질환을 진단하는 검사가 일상적인 건강검진에도 포함될 수 있을 것이다.

빛과 소리로
뇌를 조절한다

뇌조절 기술

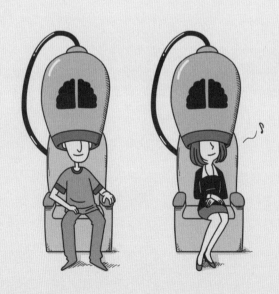

Engineering for Brain,
Brain for Engineering

시험 성적이 좋지 않아 우울해진 김군은 기분 전환을 위해 브레인사우나를 찾았다. 이른 시간임에도 이미 많은 사람들이 미용실 파마 기계처럼 생긴 의자에 앉아 브레인사우나를 즐기고 있었다. 소음이 다소 거슬렸지만 30분 정도 기계에 앉아 있던 김군은 훨씬 좋아진 기분에 만족하며 사우나를 나섰다.

　먼 미래가 아니라 빠르면 10년 안에 현실이 될 수도 있는 모습이다. 약을 먹지 않고도 우울증을 치료하거나 담배를 쉽게 끊을 수 있도록 도와주는 기계가 개발되고 있다. 이 기계를 이용하면 기억력을 좋아지게 하거나 수학 계산을 잘 할 수 있는 뇌로 만들 수 있다. 지금까지는 자기장이나 전류를 사용해서 뇌를 자극하고 있지만 앞으로는 빛이나 소리, 마이크로파를 이용해서도 뇌의 상태를 조절할 수 있을 것이다. 이러한 뇌조절 기술은 어떻게 발전하고 있을까.

뇌 자극은 언제부터 시작되었나?

머리 밖에서 전류를 흘려 뇌를 자극하는 방법은 200여 년 전에 유럽의 의학자인 알디니, 록웰 등이 처음 시도했다. 당시에는 머리에 전류를 흘려서 조현병이나 우울증을 치료하려고 했지만 전류의 양을 정확하게 조절할 수 없어서 부작용이 많았을 것이다. 머리 밖에서 전류를 흘려 사람의 뇌를 조절할 수 있다는 사실은 오래 전부터 경험적으로 알고는 있었다. 그러나 사람에게 안전한 전류량이나 전류를 흘리는 시간을 알아내려는 연구가 본격적으로 시작된 것은 불과 10

여 년이 지나지 않았다. 뇌에 약한 직류 전류를 흘려주는 경두개직류자극기^{tDCS}라는 기계를 이용하면 뇌의 특정 부위의 활성도를 높이거나 낮출 수 있어, 기억력이 좋아지거나 계산을 더 잘할 수도 있다는 사실이 밝혀졌다(물론 아직 왜 그런지에 대해서는 잘 밝혀져 있지 않다).

전류를 이용해서 인체를 자극하려는 시도는 아주 오랜 옛날부터 있었다. 기록에 따르면 기원전 43년 로마의 의학자 스크리보니우스 라르구스$^{Scribonius\ Largus}$는 두통을 치료하기 위해서 전기가오리$^{electric\ torpedo\ fish}$를 아픈 부위에 가져다 대거나 아픈 부위를 전기가오리가 담겨진 물에 집어 넣는 치료법을 시도했다고 한다. 1775년에는 프랑스의 의사인 찰스 르 로이$^{Charles\ Le\ Roy}$가 맹인의 눈을 뜨게 하려고 뇌의 시각피질이 있는 후두엽에 전류를 흘리는 치료를 시도했는데 맹인들이 전류가 흐를 때 눈 앞에 번쩍하는 섬광을 보았다는 기록이 있다. 시각 피질의 신경세포들이 자극됐으니 어찌보면 당연한 일이지만 당시에는 맹인이 빛을 볼 수 있었다는 사실만으로도 상당한 화제가 됐다. 1804년 이탈리아의 지오반니 알디니$^{Giovanni\ Aldini}$는 전기로 뇌를 자극해서 정신질환자를 치료하려는 시도를 했는데 이 방법은 현대 의학에서도 일부 뇌질환의 치료에 사용되고 있다. 이 방법의 효과를 경험한 알디니는 심지어 죽은 사람을 살리기 위해서도 전기자극을 시도했다고 하는데 물론 성공했다는 기록은 남아있지 않다. 현대 의학에서 전기자극을 이용한 치료 기술을 정립한 사람은 미국의 의학자인 조지 비어드$^{George\ Beard}$와 그의 절친한 동료 의사인 알

Kellaway P. The part played by electric fish in the early history of bioelectricity and electrotherapy. Bull Hist Med 1946; 20(2): 112-137.

스크리보니우스 라르구스의 전기가오리 이용 치료법에 대한 내용이 적힌 고대 그리스의 문서 (오른쪽 그림은 켈러웨이Kellaway 박사가 전기물고기를 이용한 치료 방법에 대해 설명하기 위해 논문에서 사용한 그림)

폰스 록웰Alphonse Rockwell이었다. 둘은 1871년 『의학적 및 수술적 전기 이용의 실제Practical Treatise of the Medical and Surgical uses of Electricity』라는 제목의 책을 집필하는데, 이 책은 전기 자극 치료의 기초를 세운 것으로 평가된다.

그런데 의외로 경두개직류자극이라는 뇌조절 장치는 학문적으로 연구된지 10여 년밖에 지나지 않았는데 그 이유는 현대에 들어오면서 전기가오리를 머리에 가져다 댈 정도의 용기를 가진 연구자들이 줄어들고 있기 때문이기도 하지만 1밀리암페어(전류의 단위) 정도의 미약한 전류가 전류를 잘 흘리지 못하는 두개골을 지나 뇌로 흘러 들어갈 것이라는 데 비관적인 연구자들이 많았기 때문이다. 1밀리암페어라는 전류는 매우 미약한 전류인데 우리가 어릴 때 많이 하는 생체 실험(?)인 1.5볼트 건전지의 한 쪽 끝을 혓바닥에 대고 다른 한 쪽 끝에 손가락을 가져다 대는 실험에서 흐르는 전류보다 작은 크기라고 생각하면 된다. 당시 의학자들은 두개골의 전기전도도[70]는 피부의 전기전도도에 비해 1/20 정도로 낮기 때문에 머리 표면에 전류를 흘리면 대부분의 전류는 전류를 잘 흘리는 두피를 따라 흘러 갈 것으로 예상했다. 이런 의학자들의 선입견을 깰 수 있었던 것은 뇌공학자의 노력 덕분이다. 미국 뉴욕시립대의 빅슨Bikson 교수 연구팀은 MRI 영상을 이용해서 사람의 머리를 매우 정밀하게 모델링을 한 뒤 유한요소해석[71]이라는 컴퓨터 알고리즘을 이용해서 경두개직류자극을 할 때 머리 내부에 흐르는 전류를 시뮬레이션하는 데 성공했다. 그 결과 뇌로 전달되는 전류의 양은 두피를 흐르는 전류보다는 작았지만 생각했던 것보다 많은 전류가 두개골을 지나 뇌로 전달된다는 사실을 알아냈다. 그 이유는 두개골과 뇌 사이에 있는 뇌척수액cerebrospinal fluid: CSF이 두피보다 전기전도도가 5배 정도 크기 때문이었다. 유한요소해석과 같은 컴퓨터 수치해석 알고리즘은 기계공학이나 건축학 등에서 자주 사용되는 기술이지만, 실제로는 설계한 결과

---

70 전기가 잘 흐르는 정도를 뜻하며 전기전도도가 높을 수록 전류가 잘 흐른다.
71 Finite Element Method: FEM, 모델을 작은 요소element로 나누어 미분방정식을 푸는 수치해석 방법의 일종

를 만들어 보지 않고 확인하기 위한 보조적인 도구로 많이 쓰인다. 실제로 공학 분야에서 유한요소해석 기술이 필수적인 도구로 쓰이는 분야는 거의 없는데 경두개직류자극에서는 머리 속을 흐르는 전류를 실제로 볼 수 있는 방법이 없기 때문에 이 기술이 가장 필수적인 기술 중 하나로 사용되고 있다.

필자는 석사과정 때 유한요소해석을 이용한 전자기장 해석이라는 분야를 전공했는데 당시 필자가 가졌던 가장 큰 불만도 바로 필자의 기술이 필수 기술이 아닌 보조 기술로 쓰인다는 것이었다. 사실 필자는 이런 이유 때문에 뇌공학으로 전공을 바꿨는데 공교롭게도 10년이 지난 뒤에 필자의 석사 때 전공이 필수 기술로 쓰일 수 있는 분야를 뇌공학에서 찾게 됐다. 그 덕분에 필자의 연구실은 이 기술을 자유자재로 쓸 수 있는 세계에서 3개밖에 없는 연구실 중 하나가 됐다. 필자가 경두개직류자극을 연구하게 된 것은 아주 우연한 계기에서였다. 필자가 대학에 자리를 잡은지 2년이 지난 때에 대학원 강의를 하는데 학기가 1달이나 남았는데 진도가 너무 빨랐던 나머지 준비한 강의 내용이 바닥이 났다. 종강을 하기에는 너무 이른 시간이어서 뇌를 자극하는 방법에 대한 강의 슬라이드를 몇 장 준비했는데 그 중 하나가 뇌 전기자극이었다. 필자는 당시 이 분야에 대해 아는 것이 거의 없었는데 시간을 최대한 끌어야 했기 때문에 슬라이드 한 장을 펼쳐 놓고 학생들과 함께 상상의 나래를 펼쳤다. 그 때 필자의 머리에는 자극하려는 위치에 전류를 많이 흘리기 위한 최적의 전극 위치를 찾는 프로그램을 만들면 어떨까 하는 아이디어가 떠올랐다. 필자는 수업이 끝난 뒤 실험실로 돌아가서 당시에 가지고 있던 머리 모델에 가상의 전극을 붙이고 유한요소해석 시뮬레이션을 해 봤는데 아이디어의 실현 가능성을 확인할 수 있었다. 10년이 지나 기억이 가물가물한 석사 과정 때의 전공을 이용해서 한 달 만에 결과를 내고 학술지에 짧은 논문을 제출했는데, 당시 논문의 심사위원들이 뇌 전기자극보다는 경두개직류자극에 적용하는 것이 좋겠다는 제안을 했다. 당시만 해도 경두개직류자극이라는 방법은 처음 듣는 기술이었는데 몇 편의 논문을 찾은 다음 뇌 전기자극을 경두개직류자극이라는 표현으로 바꿨다. 나중에 안 일이지만 이 논문은 우리나라에서 출간된 최초의 경두개직류자극의 공학적 논문이었고, 기존 연구자들이 전혀 생각치 못했던 새로운 아이디어였기 때문에 많은 학자들이 이 논문을 인용해서 후속 논문들을 발표했다. 보통 새로운 아이디어는 그 분야 연구를 오래 진행할수록 나오기 힘들다. 그 분야에 대해 잘 모르는 다른 분야 연구자들이 뛰어들 때 혁신적인 아이디어가 나올 가능성이 높아지는데, 그 이유는 한 분야에 대해 많이 알면 알수록 가지고 있는 지식에 갇혀서 생각의 폭이 좁아지기 때문이다. 필자의 경우에는 운이 아주 좋은 경우였는데, 첫 논문이 발표된 2008년만 해도 세계적으로 경두개직류자극에 대한 논문이 30~40편에 불과했지만 지금은 연간 2,000~3,000편이 나올만큼 뇌공학의 가장 잘 나가는 분야 중 하나가 됐다. 연구자들은 현재 분야에 만족하지 않고 늘 새로운 분야에 도전하는 자세가 필요하다.

경두개직류자극이 어떤 원리로 뇌를 조절하는지에 대해서는 여러 가지 가설들이 있지만 아직 완전하게 밝혀진 것은 없다. 어떤 연구자들은 전류의 흐름이 물을 전기분해해서 산성도와 염기성도를 변화시키고 이것이 다시 세포의 이온채널의 특성을 바꾸기 때문에 신경세포의 활성도가 변하는 것이라고 설명하지만 전류 방향이 달라지면 활성도의 특성이 변하는 현상은 아직 설득력 있게 설명하지 못하고 있다. 실제로 두 개의 전극 중에서 양극 아래 부분은 신경세포의 활성도가 증가하고 음극 아래 부분은 신경세포의 활성도가 되려 감소한다.

이렇게 신경세포의 활성도를 마음대로 바꿀 수 있기 때문에 경두개직류자극은 다양한 분야에 사용할 수 있다. 예를 들어 특정한 뇌 영역의 활성도가 지나치게 증가해서 발생하는 질환인 뇌전증[72]이나 조현병은 활성도가 과도한 부분에 음극 전극을 붙여서 활성도를 낮추면 증상을 완화할 수 있다. 알콜중독이나 마약중독 등을 치료하기 위해서는 중독과 관련된 뇌 부위에 음극 전극을 붙여 활성도를 낮추면 된다. 반대로 우울증과 같이 좌-우 뇌의 활동에 불균형이 생기는 질환인 경우에는 활동이 떨어진 부위에는 양극을 부착하고 활동이 증가한 부분에는 음극 전극을 부착해서 양쪽 뇌의 균형을 잡아줄

---

[72] epilepsy, 과거에는 간질로 불렸다.

수 있다. 현재 가장 활발하게 연구되는 분야는 뇌졸중^{stroke}의 재활에 사용하는 것인데, 뇌경색이나 뇌출혈로 인해서 죽어버린 신경세포 부위에 양극 전극을 붙여 활성도를 높여주면 뇌의 가소성^{plasticity}을 높여서 재활 효과를 높일 수 있다.

이 글을 읽는 독자들이 가장 관심을 가질 만한 연구는 뇌의 능력을 향상시키는 인지 증폭^{intelligence amplification}이라는 분야일 것이다. 2010년에는 영국 옥스포드대학교 연구팀이 경두개직류자극과 유사한 경두개임의잡음자극[73] 전류를 전두엽 부위에 흘려주고 수학 계산 능력을 비교했는데 6개월 뒤에 수학 능력이 향상되는 결과를 관찰할수 있었다. 경두개직류자극에 의한 기억력 향상은 많은 학술 논문들에서 보고되고 있는데, 단 20분간 전두엽의 활성도를 높여주면 짧게는 2~3시간에서 길게는 1주일 간 효과가 유지된다고 한다. 필자가 가장 인상깊게 읽었던 경두개직류자극 연구는 독일 뤼벡 대학의 마샬^{Marshall} 박사의 2006년 연구다. 마샬 박사는 잠들기 전에 처음 보는 단어를 외우게 하고 깬 다음에 그 단어들을 얼마나 기억하고 있는가를 테스트했다. 두 가지 다른 조건을 비교했는데 한 조건은 잠들기 직전에 전두엽 영역에 경두개직류자극을 가하는 조건과 다른 조건은 경두개직류자극기를 실제로 작동시키지 않고 머리에 전류를 흘리는 척 하는 것이다. 두 조건의 결과를 비교했는데 결과는 매우 놀

---

73 tRNS: transcranial random noise stimulation, 직류전류 대신에 임의로 생성한 잡음형태의 전류를 흘려주는 방식으로 경두개직류자극과 거의 유사한 방식이다.

라웠다. 거의 모든 실험참가자에서 경두개직류자극을 통해 전두엽의 활성을 높인 경우가 그렇지 않은 경우보다 외우고 있는 단어의 수가 크게 늘었다. 우리가 잠을 잘 때는 하루 동안 일어났던 많은 경험들과 단기 기억들을 통합하고 정리해서 필요한 기억들만 뇌에 저장하는 작업을 하는데[74] 경두개직류자극이 이런 작업을 하는 전두엽의 활성을 증가시켰기 때문에 더 많은 단어를 기억할 수 있었던 것이다.

만약에 실제로 경두개직류자극 장치가 일반인들에게 보급된다면 아마도 교육 분야에서 혁명적인 사건으로 기록될 것이다. 시험을 치르기 전날, 잘 기억이 되지 않는 교과서 내용을 암기한 다음에 이마에 전류를 흘린 다음 잠이 들면, 다음날 아침에 외운 것들이 더 잘 기억이 날테니 말이다. 거기에 덧붙여 수학 계산 능력까지 향상을 시켜준다니 아마 이 기계는 수험생들의 필수품이 될 것이다. 그럼에도 불구하고 이런 마법과 같은 기계가 아직 보급이 되고 있지 않은 이유는 무엇일까? 사실 경두개직류자극장치는 특별한 부작용을 일으킨다는 보고도 없고 뇌에 문제를 일으킬 만큼의 큰 전류를 흘리는 것도 아니다. 하지만 아직까지 미국 식품의약품안전청[FDA]의 승인을 받지 못하고 있는데, 그 이유는 이 기계를 장기간 사용했을 경우에 뇌에 어떤 변화가 생길지에 대한 연구가 부족하기 때문이다. 미국 식품의약품안전청은 생명과 직접적으로 관계되고 치료에 필수적인 의료

---

74 이를 기억 통합memory consolidation 과정이라고 한다. 수험생들이 잠을 충분히 푹 자야 하는 이유가 여기에 있다.

기기는 다소간의 위험 요소가 있더라도 매우 빠르게 승인을 내 주지만 경두개직류자극장치는 생명과 직접적인 연관도 없고, 이 기계를 (가격은 훨씬 비싸지만) 대체할 수 있는 몇 가지 다른 종류의 기계들과 약품이 있기 때문에 승인을 내는 데 다소 인색하다. 실제로 경두개직류자극 장치가 개발돼서 일반인들에게 보급이 됐는데, 10년간 사용한 사람에게 뇌종양이 발생했다면 이 뇌종양이 경두개직류자극의 영향인지 아닌지를 증명할 방법이 없다. 안과에서 이제는 일반적인 수술 방법이 된 라식 수술이나 라섹 수술의 경우에도 이 시술이 시작된지 불과 30년 남짓 되었기 때문에 이 시술을 받은 사람이 후에 어떤 문제가 생길지에 대한 위험성은 아직 남아있는 것과 마찬가지다. 더 큰 문제는 이 기술의 안전성은 하루에 20분씩 5일 동안처럼 비교적 짧은 기간 동안의 실험에서만 검증이 됐기 때문에 하루에 1시간씩 1달간 자극을 한다거나 하면 어떤 문제가 생길지 알 수 있는 방법이 없다는 것이다. 공부를 잘하게 해 주는 매직 기계가 팔린다면 아마도 스스로 생체실험(?) 대상이 되고자 하는 학생들이 많이 생길 것이다. 그리고 그 결과에 대한 책임은 사용자가 아닌 회사가 지게 될 것이다. 회사에서 할 수 있는 일은 타이머를 이용해서 하루에 일정 시간 이상 사용할 수 없게 하고 일주일에 몇 번 이상 사용할 수 없게 하는 프로그램을 내장할 수 있겠지만 틀림 없이 두세 대를 구매해서 더 오랜 시간 동안 남용하는 사례가 빈번하게 발생할지 모른다. 이러한 점 때문에 아직은 일반인들을 대상으로 경두개직류자극기를 판매하는 것은 다소 이른 감이 있다. 그럼에도 불구하고 최근 미국에서는 "머리를 좋아지게 한다"는 말은 빼고 "게임을 잘 할 수 있게 해 준다"는 광고로 일반인들이 사용할 수 있는 휴대용 경두개직류자극 장치가 팔리고 있다. 이 기계를 사용하는 것은 사용자의 자유지만 앞서 이야기한 위험 가능성을 고려해서 절대로 남용하는 일은 없어야 할 것이다.

경두개직류자극보다 가격은 매우 비싸고 이동성이 떨어지기는 하지만 좀 더 정밀하게 뇌를 자극하는 방법은 자기장을 이용하는 것이다. 1903년 미국의 아드리안 폴락은 사람 머리에 수백 번 감은 코일을 대고 자기장 펄스를 만들어 주면 직접 전류를 흘리지 않아도 뇌에 전류를 흐르게 할 수 있을 것이라는 아이디어를 발표했다. 사람의 몸은 전류를 잘 흘리는 도체이기 때문에 가능한, 획기적인 아이디어였지만 아쉽게도 시대를 너무 앞서가는 바람에 실제로 사용되지는 않았다. 자기장을 이용해서 뇌를 자극하는 경두개자기자극[TMS] 장치는 1세기가 지난 1980년대 후반에야 사람에게 사용되기 시작했다. 2008년에는 이 기계를 우울증 치료에 사용해도 좋다는 미국 식품의약품안전청의 허가가 났고 이후 일반 병원에서도 쉽게 볼 수 있는 의료기기가 됐다.

뇌자극 기술, 어디까지 왔나?

뇌공학자들은 빛을 이용해 뇌를 자극할 수 있다는 사실에 주목하고 있다. 신경세포에 해조류에서 추출한 채널로돕신2라는 단백질을 바이러스를 이용해서 넣은 다음 특정한 파장의 빛을 쪼이면 단백질이 발현된 신경세포의 활동을 마음대로 조절할 수 있다는 광유전효과optogenetic effect가 발견되었기 때문이다. 2004년 처음 발견된 이 현상은 현대 신경과학의 가장 뜨거운 이슈 중 하나가 됐다. 전류나 자기장은 넓게 퍼지기 때문에 자극하려는 부위 주위의 신경세포들도 함께 자극이 되지만 빛은 직진하기 때문에 좁은 부위만 선택적으로 자극할 수 있다. 뇌를 자극하는 데 있어서 이런 성질은 매우 중요하다. 신경세포 중에는 다른 세포의 활동을 억제하려는 것들도 있어서 이런 세포가 같이 자극되면 효과가 없어지거나 역효과를 낼 수 있기 때문이다. 하지만 현재 기술로는 살아있는 사람의 뇌에 단백질이 부착된 바이러스를 주입하는 것이 매우 어렵기 때문에 단백질이 발현된 줄기세포를 뇌의 특정 부위에 이식한 다음 원하는 신경세포로 분화시키는 방식도 연구되고 있다. 이 기술이 성공적으로 개발된다면 머리 속에 거미줄처럼 설치된 미세 광케이블을 통해 뇌의 여러 부위에 빛을 보내는 방법으로 우울증, 조현병과 같은 난치성 뇌질환을 치료하고 조절할 수 있을 것이다. 2007년에는 미국 반더빌트대의 듀코 얀센Duco Jansen 교수팀이 근적외선 펄스레이저를 이용하면 단백질을 넣지 않고도 신경세포를 자극할 수 있다는 가능성을 제시했다. 2020년 필자의 연구팀에서도 전전두엽이 있는 이마 부위에 20분 정도 생체투과성이 높은 근적외선 빛을 쪼여주면 뇌 활성도가 높아져서 뇌-컴퓨터 접속의 성능을 높일 수 있다는 연구 결과를 발표하기도 했다. 이 기술이 더욱 발전한다면 레이저포인터를 주머니에 넣고 다니다가 필요할 때 머리에 대고 빛을 쪼여서 뇌를 조절하는 날도 올 것이다.

최근 선진국에서는 광유전학 기술을 군사용으로 사용하려는 시도도 있다. 쥐의 뇌 운동영역에 빛을 전달하는 광섬유를 삽입한 다음에 무선으로 빛의 양을 조절하면 쥐를 무선조정하는 것이 실제로 가능하다. 2011년 미국 MIT의 크리스티앙 웬츠 Christian T Wentz 박사 연구팀은 쥐의 운동영역에 채널로돕신2 단백질을 주입하고 광섬유를 삽입해서 쥐를 무선으로 조종하는 데 실제로 성공했다. 최근 우리나라에서도 국방부에서 새를 무선조종하는 연구과제를 공모했는데 가까운 미래의 전쟁에서는 새나 쥐에 소형 카메라를 부착한 뒤 무선으로 동물을 조종해서 적군의 동태를 살피는 것이 일반적인 전략이 될지도 모른다.

최근에는 소리를 사용해서 뇌를 자극할 수 있다는 사실도 밝혀졌다. 머리 밖에서 우리가 들을 수 있는 가청주파수보다 높은 주파수의 초음파를 한 곳에 집중시키면 음파가 집중된 부위의 뇌의 활동을 유도할 수 있다. 심지어 뇌공학자들은 뇌의 감각 중추를 소리로 자극해서 손, 팔, 다리의 감각을 느끼게 하려는 연구도 시작했다. 이런 연구가 성공한다면 가상현실에서 아바타가 느끼는 감각을 직접 느낄 수 있게 될 것이다. 이 기술이 사람의 생각을 읽는 기술과 결합 된다면 영화처럼 나와 아바타가 하나가 되는 날이 현실이 될 것이다.

뇌자극 기술의 미래는?

지금까지 살펴본 방법들은 뇌의 깊은 부분을 자극하기에는 적합 하지 않다. 뇌의 깊은 부분은 인간의 복잡한 감정이나 기억을 담당 한다. 이곳을 자극하기 위해선 긴 바늘 전극을 찔러 넣어 전류를 직 접 흘려주어야 하는데 이는 외과 수술이 필요하기 때문에 심각한 상 태의 환자들에게만 쓰고 있다. 수술을 하지 않는 방법은 마이크로 파 빔을 사용하는 것이다. 직진성이 높은 마이크로파 빔을 뇌의 한 부위에 집중시키면 그 때 생겨나는 에너지가 신경세포를 자극할 수 있기 때문이다.

네덜란드 그로닝겐대의 시에라^{Sierra} 교수는 마이크로파를 이용한 뇌자극 방법이 언젠가는 뇌에 바늘을 찔러 넣는 방식을 대신할 것 으로 기대하고 있다. "마이크로파 빔을 만드는 안테나가 달린 모자 를 쓰면 약을 먹지 않아도 우울증이나 파킨슨병을 치료할 수 있습니 다." 최근 필자의 연구팀에서는 머리 밖에서 서로 다른 주파수의 교 류 전류를 흘리고 두 전류가 만나는 지점에 생겨나는 맥놀이 현상을 이용해서 뇌의 깊은 부분만 선택적으로 자극하는 새로운 뇌자극 기 술을 개발하고 있다. 시간 간섭 자극$^{temporal\ interference\ stimulation:\ TIS}$이 라고 불리는 이 기술은 생쥐를 대상으로 한 실험에서 가능성을 보여

졌지만 아직까지 사람에게 적용되지 못하고 있다. 우리 연구팀은 앞서 소개한 유한요소해석 기술을 이용해서 가장 안전하고 효과적으로 전기 에너지를 뇌의 깊은 부위에 전달하는 방법을 개발해서 학계의 주목을 받고 있다. 이러한 방법들이 어떤 원리로 뇌를 자극하는지는 아직 확실하지 않다. 하지만 많은 뇌공학자들이 연구에 새롭게 뛰어들고 있기 때문에 빠른 시일 내에 약을 먹거나 수술을 하지 않고도 뇌의 병을 치료하거나 마음대로 우리 뇌를 조절하게 될 것이다.

스스로 뇌를 조절한다!

뉴로피드백

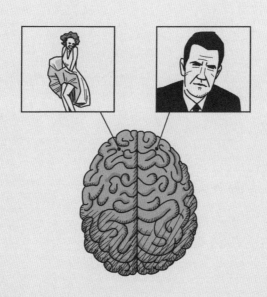

Engineering for Brain,
Brain for Engineering

"지금 화면에 마릴린 먼로와 조쉬 브롤린의 사진이 겹쳐 있는 것이 보이시죠? 지금부터 조쉬 브롤린을 보고 싶어 하면 사진이 조쉬 브롤린으로 변할 것이고, 마릴린 먼로를 보고 싶어 하면 마릴린 먼로가 나타날 거예요. 준비 되었나요? 그럼 사진을 마릴린 먼로로 바꿔 보세요."

MRI^{자기공명영상장치} 안에는 뇌전증(간질) 수술을 받기 전의 환자가 누워서 작은 화면을 응시하고 있다. 잠시 후, 겹쳐진 사진은 점점 마릴린 먼로로 변한다.

위 상황은 2010년 미국 캘리포니아공대 커프^{Cerf} 박사팀이 『네이처』에 발표한 실험 장면을 묘사한 것이다. 뇌전증 환자들은 수술을 하기전에 보통 두개골을 절개하고 뇌에 전극을 넣어 신경신호를 측정한다. 연구팀은 신경신호를 측정 중인 환자들에게 유명 헐리우드 배우

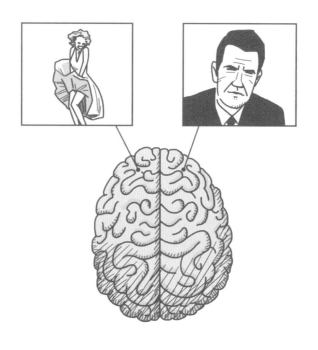

들의 사진을 보여주고 흥미로운 결과를 얻었다. 조쉬 브롤린 사진을 보고 있을 때는 뇌의 오른쪽 해마hippocampus 부위가 반응했지만, 마릴린 먼로 사진을 봤을 때는 왼쪽 해마 옆이랑parahippocampal gyrus 부위가 반응한 것. 어느 쪽 해마에서 신호가 나오는가를 알아내면 어떤 사진을 보고 싶어 하는지 알아낼 수 있다는 것이다. 이번 연구의 더 큰 의미는 환자가 뇌의 특정한 부위를 스스로 조절할 수 있는 가능성을 열었다는 데 있다. 지금까지는 뇌질환을 치료하기 위해 오른쪽 해마 부위를 활성화시켜야 할 경우, 그 부위에 바늘전극으로 전류를 흘려주어야 했다. 하지만 앞으로는 수술 없이 조쉬 브롤린을 상상하는 것만으로 같은 효과를 낼 수 있을지 모른다.

자가 뇌조절 기술의 탄생

자기 스스로 뇌를 조절하는 기술은 뇌파 분야에서 시작됐다. 뇌파는 신호에 포함된 주파수 대역에 따라 델타, 세타, 알파, 베타, 감마 등으로 분류할 수 있는데 뇌질환이나 감정 상태에 따라 주파수 성분이 변한다. 이때 측정한 뇌파 상태에 따라 적절한 피드백(그림이나 소리, 동영상 등)을 주면 원하는 뇌파가 스스로 약해지거나 세지도록 조절하는 법을 배울 수 있다. 이것이 바로 '뉴로피드백neurofeedback'이라고 알려진 자가뇌조절 기술의 원리다. 1972년 뉴로피드백의 선구자인 미국 UCLA 배리 스터먼Barry Sterman 박사는 "뇌의 운동영역에서 발생하는 뇌파인 'SMR파'를 뇌전증 환자들이 스스로 조절하도록 해 발작을 조절하는 데 성공했다"고 발표했다. 이후 뉴로피드백 치료가 자폐, 우울증, 불면증, 불안장애, 주의력결핍 과잉행동장애ADHD와 같은 다양한 정신 질환을 치료하는 데 우수한 효과가 있다는 보고가 잇따르고 있다.

캐나다 '신경치료 및 바이오피드백 클리닉'의 폴 스윙글Paul Swingle 박사는 2008년 자신의 저서에 뉴로피드백을 이용해서 ADHD 환자들을 치료한 자신의 경험을 기록했다. 스윙글 박사는 ADHD가 있는 아이들의 뇌파는 정상 뇌파보다 특정한 주파수 비중이 높다는 사실을 발견했다. 이 아이들에게 영화 〈토이 스토리〉를 보여주다가 뇌파에서 특정한 주파수가 커지면 영화를 중단하는 단순한 피드백을 주었다. 그러자 놀랍게도 계속 영화를 보고 싶어 하는 아이들이 자기 스스로 뇌파를 조절해서 영화가 끊어지지 않고 보는 방법을 터득했을 뿐만 아니라 일상생활에 돌아가서도 치료를 받기 전에 비해 주의력이 높아지는 효과를 보였다.

뉴로피드백 기술, 어디까지 왔나?

많은 연구들에도 불구하고, 뇌파를 이용한 뉴로피드백은 주류 뇌과학 분야에서 아직 정식으로 인정받지 못하고 있다. 가장 근본적인 이유는 아직 사람들이 어떤 원리로 자기 뇌파를 조절할 수 있는지에 대한 과학적인 해답을 내놓지 못하고 있기 때문이다. 또한 대부분의 주류 학자들은 뉴로피드백의 효과 자체는 어느 정도 인정하면서도 그 효과의 많은 부분이 플라시보 효과[75](위약효과)라는 의심을 거두지 못하고 있다.

최근에 뇌 활동을 영상으로 보여줄 수 있는 기능적 자기공명영상 fMRI 기술이 발전하면서 자가뇌조절 또는 자기치유 기술의 가능성을

---

[75] placebo effect. 위약효과라고도 하며, 의사가 환자에게 가짜 약을 투여하면서 진짜 약이라고 하면, 환자의 믿음 때문에 병이 낫는 현상

뒷받침하는 연구 결과들이 계속 발표되고 있는 것은 매우 긍정적이다. 2007년 독일 튀빙겐대의 안드레아 카리아^Andrea Caria 박사는 실시간 fMRI를 이용해서 실험 대상자가 뇌의 오른쪽 섬엽^insula의 활동을 스스로 조절하게 하는 실험을 했다. 뇌의 섬엽은 화난 얼굴이나 역겨운 대상과 같이 부정적인 감정 자극에 대해 민감하게 반응하는 뇌 부위로 알려져 있다. 실험 대상에게 섬엽의 활동 정도를 막대그래프로 보여주면서 스스로 섬엽의 활동을 높이는 훈련을 계속했더니 놀랍게도 똑같은 자극에 대해서 더 부정적인 감정을 갖게 됐다. 이 기술을 반대로 이용하면 자신의 감정을 잘 조절하지 못하는 사람들이 스스로 감정을 조절하는 법을 익힐 수 있다.

"불교 신자가 아닌 일반 대중에게 가장 널리 알려진 불교 용어는 무엇인가?"라는 질문에 대한 답으로 '일체유심조一切唯心造'를 꼽는 것에는 이견이 많지 않을 것이다. "세상의 모든 일은 마음 먹기에 달려 있다"는 의미의 이 다섯 글자는 원효대사의 해골물 일화를 통해 널리 알려진 측면도 있지만 한때 전 세계적 베스트셀러였던 『시크릿』의 근간을 이루는 개념이기도 하다. 세상에는 같은 어려움에 처해도 주어진 환경을 긍정적으로 받아들이고 이를 지혜롭게 극복하는 이들이 있는가 하면 자신의 현실에 좌절하며 부정적인 생각에 사로잡혀 심지어는 극단적인 선택을 하는 이들도 있다. 현대 뇌과학은 일상에서의 꾸준한 노력과 훈련을 통해 불안과 두려움을 보다 쉽게 극복하는 능력을 키울 수 있다는 증거를 보여주고 있다.

우리는 일상 생활에서 마음이 몸을 변화시키는 현상을 자주 목격한다. 스트레스에서 기인하는 수많은 질환이나 신경성 대사 증후군의 예를 차치하더라도 긍정적인 생각으로 암과 같은 난치병을 극복한 사례라던가 상상임신과 같이 정신이 몸을 변화시키는 사례를 듣고 경험한다. 예를 들어 우리가 스트레스라고 부르는 상태는 신체의 여러 부분에 (주로 부정적인) 변화를 일으키는데, 심리학 분야에서 스트레스를 측정하는 방법 중 하나는 외부 소리 자극에 대한 동공pupil의 크기 변화를 관찰하는 것이다. 동일한 자극적 소리에 대해서 스트레스가 높은 상태에서는 동공의 크기 변화가 크고 마음이 편안한 상태에서는 동공의 크기 변화가 작다. 이런 현상은 동일한 외부 자극이 주어질 때 우리 뇌의 상태에 따라 우리 몸의 반응이 달라짐을 보여주는 대표적 사례다.

전통적인 뇌과학에서는 개개인이 뇌의 특정 부위를 자유롭게 조절할 수 없다는 것이 일반적인 믿음이었지만 의학영상 기술과 뇌공학의 발전에 의해 이러한 통념은 서서히 깨지고 있다. 뉴로피드백 기술을 사용하지 않더라도 일상에서의 지속적인 노력을 통해 우리 뇌의 구조와 기능을 변화시키는 것은 충분히 가능한 일이다. 우리 생각이 우리 뇌의 구조와 기능을 바꿀 수 있다는 사실은 신경가소성neuroplasticity이라는 이름으로 최근에 들어서야 뇌과학 분야에서 보편화되고 있지만, 사실 이 이론은 미국 신경과학자인 윌리엄 제임스William James가 1890년 집필한 그의 책 『심리학의 이론principles of psychology』

에서 제안한, 비교적 오래된 개념이다. 우리의 뇌를 변화시키는 과정은 '운동'에 비유될 수 있다. 지속적으로 팔굽혀펴기 운동을 하면 팔 근육과 가슴 근육이 발달하는 것처럼 지속적으로 긍정적인 생각을 하는 '운동'을 하면 긍정적인 생각과 관련된 뇌의 부위는 발달하고 부정적인 생각과 관련된 뇌의 부위는 감소한다. 우리 뇌의 심부 변연계limbic system에는 아몬드 형태로 생긴 편도체amygdala라는 조직이 있는데 이 부위는 인간의 불안과 두려움을 관장하는 역할을 한다고 알려져 있다. 미국 UCSD 연구팀이 2014년에 발표한 연구에 따르면 평소 낙관적인 성격을 가진 사람들과 그렇지 않은 사람들에게 똑같이 공포에 질린 사람의 얼굴을 보여줬을 때 낙관적인 성격을 가진 사람들에게서는 비관적인 성격을 가진 사람들에 비해 상대적으로 낮은 편도체 활성이 관찰됐다. 한편, 2012년 미국 듀크대 연구팀의 연구 결과에 따르면 큰 사건이나 사고를 경험한 뒤 겪게 되는 외상후 스트레스 증후군PTSD 환자들은 일반인에 비해 편도체의 체적이 크게 증가(즉, 편도체가 더욱 발달)되어 있었다. 이와는 대조적으로 2010년 미국 메사추세츠 종합병원 연구팀은 스트레스를 많이 받는 26명의 성인에게 8주 간의 스트레스 저감 훈련을 수행하게 하고 편도체의 체적 변화를 관찰하였는데 거의 모든 대상에게서 유의미하게 편도체의 체적이 감소하는 현상을 관찰했다. 이와 같은 일련의 최신 뇌과학 연구 결과들은 우리의 긍정적인 생각과 스트레스를 받지 않는 생활이 편도체(혹은 섬엽)의 체적이나 활동을 감소시키고 결과적으로 불안과

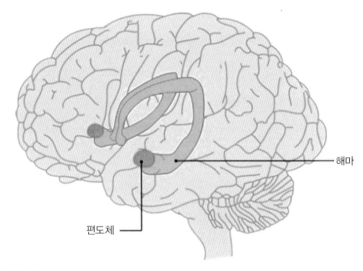

해마와 편도체

두려움이 없는 삶을 살게 해 줄 수 있음을 강력하게 시사하고 있다.

뇌건강 전문가들이 제안하는, 일상 생활에서 가장 쉽게 우리 뇌를 변화시킬 수 있는 방법 중 하나는 '그렇지만'이라는 단어를 자주 사용하는 것이다. "나는 너무 뚱뚱해"라는 부정적인 말은 우리 뇌에 스트레스를 주고 편도체의 체적을 증가시키지만 "나는 너무 뚱뚱해, 그렇지만 내가 열심히 운동을 하면 금방 날씬해질 수 있을 거야"라는 말은 오히려 우리 편도체의 체적을 감소시킨다. 매일 작은 일에도 감사하며 똑같은 사물을 보아도 긍정적인 측면만을 보려고 노력한다면 우리 뇌를 실패에 대한 두려움과 걱정에 대한 '면역'을 가진 건강한 뇌로 바꿀 수 있다.

뉴로피드백 기술의 미래

미국 'PLX 디바이스'라는 회사에서 판매하는 'X-Wave'라는 장치는 착용이 간편한 휴대용 뇌파측정 헤드셋으로, 스마트폰에 무선으로 연결해 때와 장소에 관계없이 뉴로피드백 훈련을 가능하게 한다. 시험공부를 하기 전에 집중력을 높이고 싶거나 흥분된 마음을 가라앉히고 싶을 때는 이 헤드셋을 머리에 쓰고 스마트폰의 화면을 바라보면서 스스로 집중력이 높아지거나 마음이 편안해지는 뇌 상태로 조절만 하면 된다.

그런가 하면 최근 캐나다의 '인터랙슨Interaxon'이라는 회사는 명상 뉴로피드백이라는 애플리케이션으로 북미에서만 5만대 이상의 판매고를 기록하고 있다. 이 회사에서 판매하는 '뮤즈MUSE'라는 뇌파측정 장치는 헤어밴드와 비슷하게 생겼는데 이 장치를 착용한 뒤에 스마트폰에 연결하면 명상 훈련을 할 수 있다. 앱을 실행하면 뇌파 측정 밴드가 마음 상태를 읽어내서 마음이 흥분된 상태에서는 천둥이 치고 소나기가 내리는 소리가 들리다가 마음이 편안하게 가라앉으면 빗소리가 멎고 새들이 지저귀는 소리가 들린다. 사용자가 새가 지저귀는 소리를 들으려고 노력하면 자신도 모르게 머리를 비우고 편안한 마음을 유지할 수 있게 되는 것이다.

앞으로 이런 종류의 휴대용 뉴로피드백 장치가 더 대중화된다면, 신경학습이나 뇌학습이라고 불리는 새로운 학습 방법이 나타날 가능성도 있다. 교실에 앉아 있는 학생들은 무선 뇌파 헤드셋을 착용하고 있고, 선생님은 교탁에 있는 컴퓨터로 학생들의 주의 집중도와 이해도를 실시간으로 관찰하며, 필요에 따라서는 그때그때 뉴로피드백을 이용해서 집중도를 향상시키는 장면이 10년 뒤, 미래 교실의 모습이 될 지도 모른다.

뇌를 닮은 기계

뇌모방 기계

Engineering for Brain,
Brain for Engineering

"나비, 고양이, 비행기…"

죽음을 앞둔 윌 캐스터 박사는 자신에게 남은 시간이 많지 않다는 사실을 아는 듯 쉴 새 없이 컴퓨터 모니터에 나타나는 단어를 읽어 나간다. 깨끗하게 머리카락을 밀어 버린 윌 박사의 머리에는 머리카락 대신 전극과 케이블들이 어지럽게 붙어 있다. 윌 박사가 단어를 읽을 때 그의 뇌에서 발생하는 전기 신호는 주렁주렁 늘어진 케이블을 통해 자신이 일생을 바쳐 개발한 슈퍼컴퓨터로 실시간 전송된다.

윌 박사가 숨을 거둔 뒤, '뇌를 컴퓨터에 업로드'하려는 계획이 수포로 돌아갔다는 사실을 확인한 윌 박사의 연인 에블린이 컴퓨터의 전원을 끄려는 순간, 모니터에 한 마디 문장이 나타난다.

"거기 누구 있어요?^{Is anyone there?}"

2014년 개봉한 영화 〈트랜센던스^{Transcendance}〉의 가장 극적인 장면이다. 비록 호불호가 극명하게 갈린 영화였지만, 적어도 '마인드 업로드^{mind upload}' 장면을 가장 리얼하게 보여줬다는 점에서는 나름의 의미가 있다 하겠다. 영화의 주인공인 윌 박사가 단어를 읽어 나가는 동안, 마이크를 통해 기록되는 박사의 목소리와 뇌의 여러 부분에서 측정되는 뇌 활동 전류는 우선 시간-주파수 스펙트로그램^{time-frequency spectrogram}이라는 2차원 영상으로 변환됐을 것이다. 이 영상은 다시 인간의 뇌 회로를 모방한 심층신경망^{Deep neural network}의 입력값으로 사용됐을 것이다. 윌 박사가 단어를 읽을 때마다 수많은 인공 뉴런들 사이의 시냅스 연결 강도는 학습을 통해 강화되거나 약화됐을 것이고, 인간의 뇌를 모방한 뉴로모픽[76] 슈퍼 컴퓨터는 월 박사의 말하는 스타일이나 생각하는 방식을 학습해서 살아 생전 월 박사와 비슷하게 생각하고 말하는 가상의 월 박사를 만들어 낼 수 있었을 것이다.

공상과학SF 영화라는 영화 장르가 생긴 이래, 가장 흔하게 등장한 소재는 바로 '생각하는 기계', 인공지능Artificial Intelligence: AI일 것이다. 〈스타워즈〉의 알투디투R2D2, 〈아이, 로봇〉의 NS-5, 〈인터스텔라〉의 타스TARS와 같은 인간형 로봇이 지닌 인공지능부터 이제는 고전이 된 〈전격 Z작전〉의 키트, 〈2020 우주의 원더키디〉의 마라 대마왕과 같이 기계에 이식된 인공지능까지 그 형태나 크기도 다양하다. 하지만 현재의 인공지능은 〈2020 우주의 원더키디〉는 커녕 1968년 영화인 〈2001 스페이스 오디세이〉에서 상상한 수준에도 미치지 못한다. 뇌공학자들은 완벽한 인공지능을 구현하기 위해서는 먼저 자연지능을 갖춘 인간의 뇌를 완벽히 이해해야 한다고 주장한다.

인공지능 기술, 어디까지 왔나?

1960년대 트랜지스터transistor의 발명으로 컴퓨터 기술이 놀라운 속도로 발전함에 따라 사람들은 누가 먼저라 할 것 없이 20년만 지

---

[76] Neuromorphic, 신경 모방

나면 기계의 지능이 인간의 지능을 능가하게 될 것이라는 예측을 내놓기 시작했다. 1968년에 제작된 〈2001 스페이스 오디세이〉에서는 불과 30년만 지나면 인간 수준의 사고가 가능한 기계가 대중화될 것으로 내다봤다. 하지만 50년이 지난 현재에도 기계의 지능은 인간의 지능을 뛰어 넘지 못하고 있다. 물론 컴퓨터 기술이 예상보다 느리게 발전했기 때문일 수도 있지만, 그보다는 우리가 인간의 지능을 지나치게 과소평가한 탓이 크다. 혹자는 1997년 체스 세계 챔피언인 개리 카스파로프^{Garry Kasparov}를 이긴 IBM의 슈퍼컴퓨터 딥 블루^{Deep Blue}나 2011년 미국 유명 TV 퀴즈쇼인 제퍼디^{Jeopardy}에서 역대 최다 우승자와 역대 최다 상금 수상자를 차례로 압도하고 우승을 차지한 딥 블루의 후예 왓슨^{Watson}, 그리고 2016년 온 나라를 떠들썩하게 만들었던 세기의 바둑 대결에서 이세돌을 꺾고 승리한 구글 딥마인드^{Google DeepMind}의 알파고^{AlphaGo}의 사례를 들며 이미 기계의 지능이 인간의 지능을 뛰어 넘었다고 주장하기도 한다. 하지만 딥 블루나 왓슨, 알파고는 특정한 게임을 잘 할 수 있게 만든 특수 프로그램을 사용했을 뿐, 컴퓨터는 아직 스스로 체스, 제퍼디, 바둑의 요령을 배울 수 있을 만큼 똑똑하지는 않다. 현대의 컴퓨터는 인간에 비해 수치 계산 능력은 뛰어날지 모르지만 결코 인간보다 인지나 지각 능력이 뛰어나다고 할 수 없다. 추론, 창조, 의사결정과 같은 고차의 인지과정까지 언급할 필요도 없이 가장 기본적인 인간 뇌의 기능인 지각 능력만 비교하더라도 인간의 뇌와 인공지능 간에는 '넘사벽(넘을 수 없는 사차원의 벽)'과 같은 차이가 있음을 누구도 부인할 수 없다. 아이폰의 시리^{Siri}는 인공지능의 대명사로 불리지만 은유적인 표현을 쓰거나 말의 어순을 조금만 바꾸더라도 인식률이 현저하게 떨어진다. 페이스북^{FaceBook}의 사진 속 사람 얼굴 인식 기술인 딥페이스^{DeepFace}는 정면으로 찍힌 얼굴은 비교적 잘 인식하지만 45도 얼짱 각도로 찍은 사진은 잘 인식하지 못한다.

물론 인공지능 기술이 지난 50여 년 동안 제자리에 머물러 있었던 것만은 아니다. 인공지능은 지난 수십여 년간 나름의 영역에서 꾸준한 발전을 이어 왔고 우리의 생활을 알게 모르게 변화시켜 오고 있다. 이제는 더 이상 신기하지 않은 자동차 번호판 자동 인식 기술이나 스마트폰을 이용해 거리에서 흘러 나오는 노래 제목을 알아내는 기술, 구글이 개발하고 있는 무인 자동차 기술 등이 모두 인공지능 기술의 발전이 없었다면 불가능했을 기술들이다.

하지만 앞서 제시한 번호판 인식, 노래 인식, 자율주행 자동차는 전통적인 프로그램보다 '지능적^{intelligent}'이지만 여전히 특정한 목적을 가진 프로그램 안에서만 동작하는 '갇힌' 인공지능의 예다. 이런 인공지능은 전통적인 프로그램에 비해 스스로 변화하고 적응할 수 있다는 차이를 가지지만, 변화하고 적응하는 방법 자체도 인간이 프로그램해 줘야 한다는 점에서는 전통적인 컴퓨터와 크게 다르지 않다.

그렇다면 완성된 형태의 인공지능은 어떤 모습일까? 인공지능 기술의 과거, 현재, 미래를 간단한 예를 통해 알아보자. 우선, 과거의 인공지능 기술이다. 인공지능 프로그램이 설치된 컴퓨터에 "이게 고양이라는 동물입니다"라며 몇 장의 고양이 사진을 보여준 다음 "이건 개라는 동물입니다"라며 다양한 개 사진을 보여준다. 그런 다음, 기존에 보여주지 않았던 새로운 고양이 사진을 보여주면서 "이건 고양이일까요, 개일까요?"라고 컴퓨터에게 물어봤을 때, "고양이"라는 답을 얻어 내는 것이 20세기 인공지능 연구에서 가장 중요한 주제였다. '자연지능'을 갖춘 인간이 보기에는 너무나 쉬운 일이다. 개와 고양이를 생전 처음보는 사람도 개와 고양이를 배우는 데 서너장의 사진이면 충분할테니까 말이다. 하지만 이렇게 쉬워 보이는 일도 컴퓨터에게는 아주 어려운 일일 수 있다. 불과 십 수 년 전까지만 해도 100장의 사진을 보여줄 때 70% 이상의 정확도를 얻기 어려웠으니까 말이다.

초창기 인공지능 연구에서는, 개와 고양이를 분류하기 위해 개와 고양이 얼굴에서 가장 특징적으로 차이가 나는 부분을 컴퓨터에게 미리 가르쳐 주었다. 예를 들면 개는 눈의 크기에 비해 코가 크지만 고양이는 상대적으로 코에 비해 눈이 크다는 정보를 컴퓨터에 미리 입력해 두는 것이다. 그러면 인공지능 프로그램은 개와 고양이 사진에서 코와 눈의 크기를 인식한 다음,[77] 각각의 크기를 비교하고 그 수치를 메모리에 저장해 둔다. 만약 기존에 보여준 적이 없는 새로운 고양이나 개의 사진을 보여준다면, 프로그램은 그 사진에 나온 동물

---

[77] 이 기술 자체도 쉬운 기술은 아니다. 영상에서 특정한 영역이나 대상을 인식하는 기술을 컴퓨터 비전 기술이라고 한다.

의 코와 눈을 찾고 각각의 크기를 비교한 다음 그 비율이 고양이와 유사한지 개와 더 유사한지를 비교한다. 이런 기술이 불과 20여 년 전까지만 해도 '기계 학습^{machine learning}'이라는 이름으로 불려온, 인공지능을 대표하는 기술이었다.

인공지능의 역사에서 2000년대 초반은 가장 드라마틱한 변화가 있었던 시기로 기록될 것이다. 이 기간 동안에 바로 인간의 신경회로망과 그 동작 원리를 모방한 딥러닝^{Deep Learning}이라는 기술이 혜성처럼 등장했기 때문이다. 딥러닝은 사실 새로운 기술이 아니라 1980~90년대에 유행했던 인공신경회로망[78]이 현대의 발전된 컴퓨터 하드웨어 기술과 수학 알고리즘의 진보에 힘입어 재조명을 받게 된 것이다. 딥러닝도 수많은 뉴런들과 각 뉴런 사이를 연결하는 시냅스로 구성된 신경회로망 구조를 가지고 있지만 40여 년 전 유행했던 인공신경회로망에 비해 비교할 수 없을 만큼 방대한 수의 뉴런과 시냅스를 갖고 있다는 점이 가장 큰 차이점이다.

딥러닝 기술이 전통적인 기계학습과 다른 점은 딥러닝을 사용하면 사람이 컴퓨터에게 고양이와 개의 차이점을 미리 가르쳐 줄 필요가 없다는 점이다. 딥러닝 프로그램에 "이건 고양이야"라는 정보와 함께 고양이 사진들을 입력하고, "이건 개야"라는 정보와 함께 개 사진을

---

[78] Artificial Neural Network: ANN, 뉴런과 뉴런 사이의 연결(시냅스)로 인공적인 회로망을 구성하고 입력된 데이터를 이용해서 시냅스 연결 강도를 학습시킴으로써 새로운 입력에 대한 결과를 추정해 내는 인공지능 알고리즘

입력하면 두 동물의 차이가 무엇인지 알려줄 필요 없이 프로그램이 스스로 둘 사이의 차이를 알아내는 것이 가능하다. 이런 발전은 인간 뇌의 작동원리를 모방했기에 가능했다.

우리가 가르쳐주지 않아도 기계가 고양이와 개를 구별할 수 있을 만큼 똑똑해졌다지만, 여전히 기계의 지각 능력은 사람의 지각 능력에 미치지 못한다. 사람은 "이건 고양이야"라고 따로 가르쳐주지 않아도 다른 사람들이 나누는 대화의 맥락으로부터, 또는 책에 등장하는 고양이 생김새에 대한 묘사로부터도 고양이가 어떤 동물인지 추론할 수 있는 실로 '엄청난' 능력을 지니고 있다. 최근 인공지능 분야에 가장 공격적인 투자를 하고 있는 구글^{Google}은 딥러닝 분야의 세계적인 대가인 스탠포드 대학의 앤드류 응^{Andrew Ng} 교수와 함께 동영상 스트리밍 서비스 유튜브^{YouTube}에 올라와 있는 1,000만 개의 비디오 중에서 고양이 이미지를 스스로 알아내는 연구를 진행하기도 했다. 하지만 컴퓨터가 인간 수준의 지능을 가지기 위해서는 딥러닝과 같은 인간 뇌를 모방한 소프트웨어 알고리즘만으로는 충분하지 않다. 컴퓨터 하드웨어도 소프트웨어에 걸맞게 발전해야 한다는 의미다. 실제로 구글은 고양이 이미지 인식 연구를 위해서 무려 16,000개의 컴퓨터 프로세서[79]를 병렬로 연결해서 10억 개 이상의 회로망을 구성했다고 한다.

---

79 16,000대의 컴퓨터가 서로 연결돼 있다고 생각하면 된다.

뇌를 닮은 기계

20세기 중반 트랜지스터의 발명은 거대한 공간을 차지하며 엄청난 전력을 소모하던 컴퓨터를 우리 책상 위로 올라오게 했다. 21세기, 반도체-나노 기술의 눈부신 발전은 누구나 주머니 속에 컴퓨터를 가지고 다니는 영화와 같은 미래를 실현했다. 최근 들어서는 시계가 점점 '스마트'해지기 시작하더니 눈에 보이는 모든 전자기기를 연결한다는 의미의 사물인터넷the Internet of Things: IoT이라는 신조어가 더이상 낯설지 않은 말이 되기에 이르렀다. 1997년 체스 세계 챔피언을 이긴 IBM사의 딥 블루 슈퍼컴퓨터의 무게는 무려 1.4톤이었지만 정확히 10년 뒤인 2007년에 출시된 손톱 크기의 인텔 셀러론 프로세서의 성능이 딥 블루를 넘어섰다는 사실은 컴퓨터 하드웨어 기술의 발전을 단적으로 보여준다. 지금까지의 컴퓨터 기술은 한정된 공간에 얼마나 많은 수의 트랜지스터를 집어 넣을 수 있는가[80]에 비례해서 발전해 왔다. 더 많은 트랜지스터를 보다 조밀하게 배치할 수 있으면 그만큼 처리 속도는 빨라지고 전력 소모는 줄일 수 있기 때문이다.

반도체 업계에서는 얼마나 조밀하게 트랜지스터를 집적할 수 있느냐가 그 기업의 기술력을 나타내주는 바로미터가 된지 오래다. 2023년 현재 반도체 칩에 들어가는 트랜지스터의 크기는 5나노미터[81] 이하로 작아졌는데 이 정도 수준이 되면 원자의 활동이 트랜지스터의

---

80 이를 "집적한다Integrate"는 용어를 사용한다.
81 10나노미터는 1억 분의 1미터

기능에 직접적인 영향을 줄 수 있다. 그만큼 반도체 칩에 오류가 생길 가능성이 커진다는 뜻이다. 일부 학자들은 무어의 법칙[82]이 드디어 한계에 다다를 때가 왔다고 주장하기도 한다.

사실 트랜지스터의 집적도 자체만 본다면 이미 인간 뇌의 뉴런의 밀도와 유사한 수준에 다다랐다고 할 수 있다. 인간의 뇌에서 뉴런이 존재하는 대뇌 피질에는 성인 새끼손가락 손톱 크기 정도인 1평방센티미터(cm^2)당 평균 100만 개의 뉴런이 존재한다. 애플이 2022년에 발표한 M1 울트라 칩셋에는 인간의 뇌와 유사한 수준인 1평방센티미터당 135만 6천개의 트랜지스터가 들어가 있다.

하지만 아직 인간이 만든 컴퓨터의 성능은 인간 뇌의 성능과 비교 자체가 불가능하다. 인간의 뇌와 컴퓨터의 성능 차이를 단적으로 보여주는 지표 중 하나가 바로 에너지 효율이다. 현재 기술로 인간 뇌의 뉴런과 같은 수의 트랜지스터를 가진 슈퍼컴퓨터를 구동하기 위해서는 무려 2메가와트의 전력이 필요하지만 인간의 뇌는 불과 20와트에 해당하는 에너지[83]만으로도 지구상의 어떤 컴퓨터보다 더 뛰어난 추론과 판단 능력을 보여준다. 대체 인간의 뇌는 어떤 원리로 동작하기에 그토록 적은 에너지로 뛰어난 성능을 낼 수 있는 것일까? 이 질문에 대한 답을 얻기 위해서는 인간의 뇌와 컴퓨터의 정보 처리

---

82 세계적인 반도체 회사인 인텔의 설립자 고든 무어가 1965년 반도체 칩의 성능이 18개월마다 2배로 증가할 것이라는 예측을 내 놓았고 현재까지 잘 들어맞고 있다.

83 형광등을 켜는 데 필요한 에너지

현대 컴퓨터의 구조를 제안한 미국의 수학자 존 폰 노이만(1903-1957)

과정에서의 차이를 살펴볼 필요가 있다.

우리가 현재 사용하는 컴퓨터 시스템은 폰 노이만 방식의 컴퓨터 구조를 가지고 있다. 폰 노이만 컴퓨터 구조란 헝가리 출신 수학자인 존 폰 노이만John Louis von Neumann이 1900년대 초반에 제안한 것으로 데이터를 처리하는 곳CPU과 데이터를 저장하는 곳(메모리)이 물리적으로 분리된 구조다. 이런 방식은 컴퓨터가 정보 처리를 할 때 CPU로부터 떨어져 있는 메모리에 저장된 정보를 읽어 오고 다시 처리 결과로 생성되는 정보를 메모리에 저장하는 과정을 반복해야 한다. 즉, 정보 처리를 위해서 전선으로 이어진 서로 다른 요소 사이에 정보를 계속해서 주고 받아야 한다는 것이다. 하지만 우리 뇌에서는 조금 다른 방식으로 정보 처리가 이루어진다.

인간의 뇌에서는 뉴런과 뉴런 사이에 있는 시냅스를 통해 전기적인 펄스가 전달되는 과정에서 정보 처리가 이루어진다. 그런데 우리 뇌에서는 정보 처리에 필요한 정보들이 별도의 기억 장소가 아닌 시냅스에 저장돼 있다. 즉, 정보 처리 과정에서 시냅스에 저장된 정보를 이용하고 새로운 정보를 다시 시냅스에 기록하기 때문에 정보 처리와 저장이 동시에 일어난다. 이런 방식은 다른 기관 사이에 정보를 주고 받을 필요가 없기 때문에 폰 노이만 컴퓨터에 비해 훨씬 적은 에너지를 필요로 한다.

학자들은 인간 뇌의 이러한 정보 처리 과정을 모방한 컴퓨터를 개발하고 있는데 이는 멤리스터memristor라는 새로운 전자소자가 개발되었에 가능했다. 멤리스터는 메모리memory(기억)와 레지스터resistor(저항)를 합성한 신조어다. 기억을 가진 저항이라는 의미인데 말 그대로 멤리스터는 전원이 끊어진 상태에서도 과거 상태(멤리스터에 흘러간 전류의 양이나 전류의 방향, 전압이 걸린 시간)를 영구히 저장할 수 있다. 과거에 처리했던 정보를 그대로 저장하고 있는 시냅스와 비슷한 성질을 갖고 있는 셈이다. 따라서 컴퓨터에서 정보를 처리하는 프로세서와 프로세서 사이에 멤리스터를 연결하면 인간의 뇌에서처럼 정보 처리와 정보 저장을 동시에 할 수 있다.[84]

미국방위고등연구계획국이 개발한 인간 뇌를 모방한 뉴로모픽 칩

---

[84] 프로세서는 뉴런에 해당하고 멤리스터는 시냅스에 해당된다.

IBM에서 개발한 뉴로모픽 칩인 SyNAPSE가 탑재된 개발자용 보드. 이 칩은 비정형적인 데이터 처리에 있어 매우 뛰어난 성능을 보이는 것으로 밝혀졌다.

[85] 시냅스^{SyNAPSE}에는 1평방센티미터당 약 100억 개의 멤리스터가 뉴런코어라고 불리는 트랜지스터들을 거미줄처럼 연결하고 있는데 이는 인간 뇌에서의 시냅스 밀도와 비슷한 수준이다. 인간 뇌의 뉴런 수와 같은 수의 뉴런코어를 가진 SyNAPSE를 작동하는 데 필요한 에너지는 대략 1킬로와트 수준일 것으로 예상된다. 이는 가정용 전자레인지의 시간당 전력 소비량과 비슷한 수준이다. SyNAPSE는 뇌의 동작 원리를 모방함으로써 비슷한 성능을 내는 슈퍼컴퓨터보다 무려 2,000배나 높은 에너지 효율을 가지게 됐다. 그럼에도 불구하고 SyNAPSE는 여전히 인간 뇌에 비해서는 50배나 많은 에너지를 필요로 한다. 이러한 차이는 우리가 아직도 우리 뇌에 대해 완벽하게

---

85 신경세포를 모방한 칩이라는 뜻으로 뉴로모픽 칩$_{\text{Neuromorphic chip}}$ 또는 뉴로시냅틱 칩 $_{\text{Neurosynaptic chip}}$이라고 불린다.

이해하지 못하고 있다는 사실을 단적으로 보여준다. 우리 뇌의 작동 원리를 보다 잘 이해한다면 인간 뇌의 성능에 더 가까운 컴퓨터를 만들 수 있을 것이기 때문이다.

2013년 유럽연합EU은 인간 뇌 프로젝트Human Brain Project: HBP라고 명명된, 유럽연합 역사상 가장 큰 규모의 연구 프로젝트를 개시했다. 유럽연합이 10년간 무려 10억 유로, 우리 돈으로 1조 3천억 원이라는 엄청난 규모의 연구비를 인간 뇌 연구에 투자하려는 이유는 무얼까? 인간 뇌 프로젝트의 최종 목적은 "인간 뇌 연구를 통해 우리가 모르고 있었던 뇌의 비밀을 밝혀 내고, 인간 뇌의 작동 원리를 모방해서 인간의 뇌에 가까운 인공 뇌를 만드는 것"이다. 이 프로젝트에서는 인간의 뇌와 가까운 컴퓨터를 만드는 일에서 더 나아가 여러 가지 불치의 뇌 질환들을 인공 뇌에 발병시키고 그 질환들을 치료하는 방법을 컴퓨터를 이용해서 알아내겠다는 공상 과학 소설에나 나올 법한 엄청난 계획도 세웠다. 만약 이 계획이 성공적으로 완수된다면 더 이상 인간의 뇌질환 치료제를 만든다는 미명 하에 실험용 동물들이 희생되는 일이 사라질지도 모른다.

인공지능의 미래는 인공감정?

인공지능을 다루는 수많은 공상과학 영화의 단골 소재 중 하나는 감정을 가진 기계다. 아이작 아시모프Isaac Asimov의 소설을 원작으로 한 영화 〈아이, 로봇I, Robot〉의 NS-5나 영화 〈그녀Her〉의 사만다는 기계가 인간의 감정을 가지게 된 미래 모습을 상당히 사실적으로 그려내고 있다. 앞에서 본 것처럼 아직 인공감정을 가진 기계를 걱정할 만큼 현재의 인공지능의 수준이 그리 높지는 않지만 적어도 인간에게 해를 끼칠 수 있는 인공지능 로봇의 등장은 슬슬 걱정을 시작해야 할 듯 하다.

일반인들에게는 잘 알려져 있지 않다가 2014년 개봉한 영화 〈이미테이션 게임The Imitation Game〉을 통해 알려지게 된 영국의 수학자 앨런 튜링Alan Turing은 '튜링 테스트'라고 불리는 인공지능 판정 시험을 만든 것으로도 유명하다. 영화에도 등장하듯이 튜링 테스트란 기계와 인간을 판별하는 시험이다. 기계가 이 테스트를 통과했다는 것은 기계와 대화를 나눈 인간이 자신의 대화 상대가 기계라는 사실을 알아차리지 못했음을 의미한다. 하지만 1950년 만들어진 이 테스트는 무려 64년간 어떤 기계에게도 통과를 허락하지 않았다. 튜링이 사망한 지 정확히 60년이 지난 2014년 6월 7일[86], 영국 왕립학회는 '유진 구스트만Eugene Goostman'이라는 영국 사람 이름을 가진 컴퓨터 프로그램이 최초로 튜링 테스트를 통과했다고 공식적으로 발표했다. 이는 '유진 구스트만'이 미리 대화가 저장된 '시리Siri'와 같은 전통적인 인공지능이 아니라 스스로 생각해서 사용자와 대화를 나눌 수 있는 진

---

[86] 앨런 튜링은 1954년 6월 7일 사망했다.

정한 인공지능이라는 의미다.

이제 다음 단계는 '유진 구스트만'이 보여 준 스스로 생각하는 인공지능 기술이 뇌를 닮은 신경모방 칩에 이식되는 것이다. 이미 인간보다 월등한 수치 계산 능력을 가진 컴퓨터가 인간의 인지와 판단 능력까지 갖추게 된다면 우리 생활에 엄청난 변화가 일어날 것임은 자명하다. 특히 인류가 축적해 놓은 방대한 지식과 데이터를 인공지능 기계가 자유롭게 활용할 수 있다면, 작게는 세계 경제나 미래에 닥칠 재난을 예측하는 일부터 새로운 과학이론을 개발하거나 새로운 물질을 합성해 내는 '창조적'인 일까지 기계가 해 낼 수 있을 것이다. 방대한 인터넷 빅데이터를 보유한 구글이 인공지능 연구에 막대한 돈을 쏟아 붓고 있는 이유가 바로 여기에 있다.

많은 공상과학 영화들이 인간처럼 생각하는 기계가 가져올지도 모르는 미래의 재앙을 소재로 삼았다. 터미네이터 시리즈나 매트릭스 시리즈는 인간이 기계와 맞서 싸울 수밖에 없는 암울한 미래 사회를 배경으로 하고 있다. 2014년 5월에는 세계적인 물리학자인 스티븐 호킹Stephen Hawking 박사를 비롯한 유명 과학자 4명이 영국 인디펜던스지에 기고한 글에서 인공지능이 가져올 지도 모르는 미래의 재앙을 미리 대비해야 한다고 주장하여 화제가 되기도 했다. 이제는 인공지능 로봇에게도 윤리와 도덕을 가르칠 필요가 있다는 것이다.

사실 수십 년 전 아이작 아시모프에 의해 로봇 삼원칙[87]이라는 로봇 윤리 원칙이 발표된 바가 있다. 영화 〈아이, 로봇〉에도 등장하는 로봇 삼원칙은 다음과 같다.

— 로봇은 인간에게 해를 끼쳐서는 안 되며, 위험한 상황에 있는 인간을 모른척 해서 인간에게 해가 가도록 해서는 안된다.
— 1원칙에 위배되지 않는 한 로봇은 인간이 내리는 명령에 반드시 복종해야 한다.
— 1, 2원칙에 위배되지 않는 한 로봇은 자신을 보호해야 한다.

아이작 아시모프는 자신의 소설에서 이 세 가지 원칙은 인간의 안전을 위해 반드시 모든 로봇에 프로그램되어야 하고 로봇이 이 원칙을 어길 때에는 로봇의 두뇌 회로를 파괴해야 한다고 주장했다. 하지만 현실에서는 이러한 세 가지 원칙만으로 쉽게 결정을 내릴 수 없는 상황이 많이 발생한다. 단순한 예로 위험에 빠진 사람 둘이 있을 때, 누구를 구할 것인가를 선택하는 문제는 인간에게도 쉽지 않은 문제다. 영화 〈매트릭스〉에서 빨간 알약과 파란 알약을 선택하는 장면에서도 언급되지만 어찌 보면 매트릭스라는 가상현실에서 살고 있는 인간들은 실제 현실보다 더 행복한 삶을 살고 있다고 볼 수 있으므로 로봇(또는 기계)이 제1원칙을 어기지 않았다고 해석할 수도 있다.

---

87 Three Laws of Robotics, 아이작 아시모프의 여러 단편에서 언급된 로봇의 윤리와 관련된 세 가지 법칙

영화 〈채피Chappie〉에서는 인공지능을 가진 로봇에 세가지 원칙이 적용되지 않을 때 일어날 수 있는 문제들을 잘 보여주고 있다. 영화에서처럼 인공지능을 가진 로봇이 학습을 통해 충분히 똑똑해지기 이전에 인간의 거짓말에 속아넘어 간다면 로봇이 범죄에 이용될 가능성은 충분하다. 최근 들어 학자들은 60년이 넘은 아시모프의 로봇 3원칙을 폐기하고 보다 완벽한 로봇윤리를 만들 필요가 있다고 주장한다. 이제는 공상과학 영화들이 던져주는 경고들을 그냥 무시해서는 안될 때가 온 것이다.

뇌공학의
미래

Engineering for Brain,
Brain for Engineering

필자는 미래학자가 아니다. 하지만 뇌공학 분야를 연구하면서 뇌공학이 가져오게 될 미래는 어떤 모습일까라는 상상을 종종 한다. 필자가 어릴 적 과학 도서에서 보았던 2000년대 미래 모습에는 서로 얼굴을 보며 전화를 하고 티비로 입체영상을 보며 하늘을 날아다니는 자동차가 등장했다. 휴대폰도 없던 당시에 이런 상상이 과연 이루어질까라는 회의적인 생각을 가졌던 것 같다. 하지만 이런 상상은 생각보다 빨리 현실이 됐다. 30~40년 후에 뇌공학의 발전은 우리 생활을 어떻게 변화시킬까? 필자와 함께 상상의 나래를 펼쳐보도록 하자.

1. 인공지능 비서가 탄생하다

인간은 완벽하지 않다. 산만하고 부주의할 때가 많고 주변을 항상 면밀히 살피지 못해 중요한 정보나 신호를 놓치기도 한다. 그 때

문에 올바른 판단을 내리지 못하기도 하고, 심하면 생명의 위협을 겪기도 한다.

그래서 공학자들은 불완전한 인간을 보조할 수 있는 기계를 만들고자 노력해왔다. 최근의 추세는 컴퓨터에게 이 역할을 맡기는 것이다. 미래학자들은 스마트폰 다음으로 '웨어러블^{wearable, 입는} 컴퓨터'의 시대가 올 것이라고 예측하고 있다. 사실 웨어러블 컴퓨터는 눈앞에 다가와 있다. 이제는 대중화된 스마트워치나 한 때 큰 화제를 모았던 구글 글래스^{Google Glass}, 애플이 출시하는 증강현실 헤드셋에 이르기까지 다양한 웨어러블 기기들은 점차 우리 일상을 스마트하게 변화시킬 것이다.

뇌공학의 발전은 여기에 획기적인 변화를 가져올 것이다. 영화 〈아이언맨〉에 등장하는 '자비스Jarvis' 같은 인공지능 비서를 만들 수도 있다. 영화 속 자비스는 주인의 명령에 충실히 따르기만 하는 전통적인 기계가 아니다. 스스로 학습할 수 있고, 주변 상황과 주인의 현재 상태를 알아내 주인의 의사 결정을 도와주는 능동적인 인간형 비서다. 이런 능력을 갖추려면 두 가지 조건이 필요하다. 주인(자비스의 경우 아이언맨)의 제6의 감각기관이 돼 주변을 탐색하고 정보를 얻는 능력과, 스스로 학습하고 판단하는 새로운 컴퓨터다.

먼저 정보 탐색 기능을 보자. 자비스는 주인이 접하는 모든 주변 환경을 스스로 인식한 뒤 중요하다고 판단되는 정보를 선별해야 한다. 그 뒤 이를 적절한 형태의 '자료(데이터)'로 변환해 데이터베이스에 저장한다. 방대한 분량의 영상, 음향, 위치정보 데이터는 실시간으로 외부에 있는 개인의 대용량 클라우드 서버에 저장해 다음에 활용할 수 있도록 준비한다.

사실 이런 '감각' 분야는 구글 글래스의 외장 카메라와 마이크, 무선 통신 기능을 활용해서도 어느 정도 구현할 수 있다. 따라서 관건은 두 번째 조건인 '머리'다. 자비스가 주인의 생활 패턴, 습관, 업무 등을 스스로 파악해서, 현재 상황에 대한 적절한 반응을 할 수 있도록 해야 한다.

예를 들어 보자. 길을 가다가 낯익은 사람을 만났는데 누군지 도통 기억이 나지 않는다. 자비스는 즉각 주인의 동공 크기 변화를 감지해서(이것은 '감각'의 역할이다) '주인이 나의 도움을 필요로 하는구나'라고 알아차린다. 이어 전후 상황과 맥락을 파악해 '눈앞에 있는 사람의 신원을 알아낼 필요가 있다'고 판단하고, 곧바로 개인 클라우드에 접속해 주인이 과거 만났던 사람들의 데이터베이스를 검색한다. 이제 남은 일은 이 사람의 이름과 만난 시간, 장소, 함께 나눈 대화 등을 눈 앞 디스플레이에 나타내주는 것이다. 실제로 뉴로모픽 컴퓨터는 그간 전통적인 컴퓨터로 처리가 어려웠던 비정형적인 데이터 처리에 뛰어난 성능을 보여주고 있다.

지금까지의 컴퓨터로는 이런 기술을 구현하기 힘들다. 현재 우리가 쓰고 있는 폰 노이만 컴퓨터는 처리해야 할 데이터량이 증가할수록 필요한 연산이 기하급수적으로 증가해 효율성이 떨어진다. 유일한 해답은 앞서 소개한 뉴로모픽 컴퓨터다. 뉴로모픽 컴퓨터는 데이터량이 증가한 만큼만 연산량이 증가해, 효율성 문제 없이 높은 수준의 판단 능력을 발휘할 수 있다. 실제로 뉴로모픽 컴퓨터는 그간 전통적인 컴퓨터로 처리가 어려웠던 비정형적인 데이터 처리에 뛰어난 성능을 보여주고 있다.

뉴로모픽 컴퓨터는 인공두뇌 개발로 이어진다. 미국방위고등연구계획국이 시냅스SyNAPSE 프로젝트를 성공적으로 완수한다면 미래에는 새끼손가락 손톱 크기의 작은 뉴로모픽칩으로 슈퍼컴퓨터에 못지 않은 방대한 연산을 실시간으로 해낼 것이다. 물론 신경의 회로 구성 원리와 네트워크를 담은 브레인 맵의 개발이 이 프로젝트의 성패를 가늠할 중요한 도약이 될 것이다.

2. 독심술을 위해 뇌를 읽다

뇌는 생각을 읽기 위해서 꼭 들여다봐야 하는 곳이다. 자비스 시스템을 만들기 위해서도 마찬가지다. 앞서 주인이 눈앞에 있는 사람이 떠오르지 않아 곤경에 빠졌을 때, 만약 인공지능이 주인이 무엇을 원하는지 마음을 헤아리지 못했다면 문제는 영원히 해결할 수 없었을 것이다.

예를 들어보자. 주인이 일하다가 스트레스를 받고 있다. 자비스라면 당연히 눈치를 채고 휴식을 권해야 한다. 기분이 심상치 않아 보인다면 아예 기분을 전환할 수 있는 영화나 맛집을 추천할 수도 있다. 신체 상태를 인식해서 추위나 더위를 타지 않도록 온도를 조절하고, 로맨틱한 분위기를 내도록 조명 강도를 바꿔주는 것도 훌륭한 해결책이다.

좀 더 적극적으로 도움을 줄 수도 있다. 학생이 공부할 때 집중력이 언제 떨어지는지를 알아내면 자습 시간표를 짜는 데 도움이 된다. 유능한 자비스라면 아마 시간표도 대신 짜줄 것이다. 잠이 들었을 땐 미리 수면 패턴 변화를 측정해 건강을 체크하기도 한다. 주인이 평소 유혹에 잘 넘어가는 성향이 있다면, 자비스는 백화점에 진열된 상품을 볼 때의 뇌 반응을 측정해 주인의 충동구매를 만류한다.

미래에 개발될 자비스 시스템은 이처럼 웨어러블 컴퓨터 사용자 안팎의 수많은 정보를 끊임없이 저장하고 스스로 학습해서 개인의 기억과 판단을 도와주고 더 '스마트'한 삶을 살 수 있게 해 줄 것이다.

'자비스' 시스템을 설명하면서 클라우드에 정보를 기록하고 불러들이는 장면을 묘사했다. 하지만 먼 미래에는 이런 번거로운 과정 없이 아예 인공지능 시스템이 직접 뇌와 연결돼 정보를 읽고 기록할 수도 있다. 예를 들어 뇌에서 장기 기억을 담당하는 부위인 해마 hippocampus에 외장형 메모리를 삽입해 기억력을 보조하거나, 연산을 담당하는 전전두엽prefrontal lobe에 뉴로모픽칩을 이식해 컴퓨터의 계산 능력을 활용할 수도 있다.

물론 이런 기술을 실현하기 위해서는 뇌의 신경세포 활동을 세포 단위로 정밀하게 기록할 수 있는 신경인터페이스 기술도 개발돼야 한다. 그런 점에서 일론 머스크의 뉴럴링크가 앞으로 보여 줄 활약이 더욱 기대된다.

3. 상자에 갇힌 당신을 구하다

말을 하지 못한다고 생각해보자. 당신은 모든 것을 보고 듣고 읽고 이해할 수 있다. 하지만 그 느낌을 언어로 표현하지 못한다. 당신은 일방통행만 가능한 검은 상자와 같다. 정보는 안에 들어올 수 있지만, 나갈 수 없다. 마치 블랙홀처럼, 당신은 당신이라는 상자 안에 갇혀 있다.

마치 감금당한 것과 같은 이런 상태를 '감금증후군'이라고 한다고 소개한 바 있다. 이 증세로 고통받고 있는 환자를 치료할 열쇠는 어디에 있을까. 뇌과학자들은 상자 안, 즉 뇌 안을 들여다보고 있다. 뇌에서 언어를 담당하는 영역을 읽을 수만 있다면 자신의 정신 안에 갇힌 환자를 구할 수 있을 것이다.

2011년, 에릭 로이하르트Eric Leuthardt 미국 워싱턴대 교수는 '말 BCIspeech BCI'라고 하는 색다른 연구를 제안했다. 먼저 뇌에서 언어를 담당하는 브로카Broca 영역의 피질 표면에 얇은 막 형태의 전극 배열을 부착한다. 그 뒤 피질 표면을 흐르는 뇌파(피질뇌파라고 한다)를 측정한다. 뇌파에는 그 사람이 마음 속으로 이야기하는 말에 대한 정보가 담겨 있다. 이 정보를 해석해 스피커로 재생하면 감금돼 있는 사람을 '구출'할 수 있다는 것이다.

말 BCI는 어려운 기술로, 아직은 가능성을 탐색하는 수준이다. 아직은 상상하는 말을 스피커로 재생하는 것까지는 불가능하지만 2019년 미국 UC 샌프란시스코의 에드워드 창Edward Chang 교수 연구팀이 보여준 가능성은 말 BCI의 구현에 대한 기대감을 갖게 하기에 충분하다. 창 교수 연구팀은 브로카 영역 대신에 말을 만들어내는 조음기관의 운동 영역에 주목했다. 연구팀은 운동영역 위에 피질

전극을 조밀하게 부착한 환자가 일련의 문장들을 실제로 읽어나가는 동안 측정된 피질뇌파에 인공지능 기술을 적용했다. 정교하게 설계된 심층신경망을 학습한 후에 측정된 뇌파 신호를 입력으로 넣어주니 환자가 실제로 읽은 문장과 비슷한 음성이 스피커를 통해 흘러나왔다. 이제 남아 있는 단계는 실제로 말을 하지 않고 말을 하는 상상만 하더라도 말을 만들어 내는 것이다. 뇌과학 연구를 통해 뇌의 언어 생성 메커니즘이 보다 정교하게 밝혀진다면, 생각보다 가까운 미래에 성공할 가능성도 있다.

최근 필자의 연구팀을 비롯한 국내 뇌공학 연구팀에서도 생각만 하면 우리말을 재생해 주는 말 BCI 연구를 시작했다. 우리말은 조사가 많고 어미가 유사한 것이 많아서 영어보다 말 BCI의 구현이 어려울 것으로 예상된다. 하지만 우리나라의 뇌공학과 인공지능 기술 수준이 세계적인 수준과 큰 차이가 없기 때문에 세계 최고 수준의 말 BCI를 구현할 수 있을 것으로 기대한다. 이러한 연구가 성공한다면 깊고 어두운 상자에 갇힌 채 외부와 소통하지 못했던 사람들에게 중요한 대화의 창문을 열어줄 것이다.

언어만이 아니다. 치매, 파킨슨병, 만성통증, 우울증, 조현병, 뇌전증 등 수많은 난치성 뇌질환의 메커니즘과 치료법도 발견될 것이다. 이들은 뇌의 깊은 곳에서 일어나는 미지의 원인으로 발생하며, 감금증후군 못지 않게 환자를 깊고 고통스러운 단절감에 빠트린다.

4. 생각하는 대로 움직인다

뇌는 정보를 받아들이는 역할만 하지 않는다. 몸을 움직여 특정 동작을 하는 것도 뇌와 신경의 작용이다. 뇌공학 기술은 이 과정에 대한 신비를 풀고, 동작을 인공적으로 제어하는 데에도 활용될 것이다. 바로 지난 10년간 가장 놀라운 발전을 이룬 뇌공학 분야인 '뇌-컴퓨터 접속'이다.

아래는 뇌-컴퓨터 접속 기술이 만들게 될 2035년의 미래 모습에 대한 가상 기사다.

❶ BCI 관련 산업에 대한 정부의 적극적 지원에 힘입어 그간 가능성으로만 제시되고 연구되었던 다양한 기술들이 상용화되어 보급되기 시작하였다. 사지마비 장애인들의 의사소통 보조 수단으로 연구되기 시작한, 사람의 의도를 읽는 마음 읽기^{Mind reading} 기술로부터 파생된 '무의식 인식 기술'이 활발히 연구되면서 설문조사에 의존하던 기업의 마케팅 방식에도 큰 변화가 생겨났다. 글로벌 100대 기업 대부분은 이미 사람의 무의식적인 선호도를 신경영상을 통해 읽어내는 첨단 뉴로마케팅 기술을 제품 디자인, 브랜드 네이밍, 매장 디스플레이에 적극적으로 활용하고 있다. 국내에도 다수의 뉴로마케팅 전문 기업이 생겨나 닐슨 뉴로포커스 등 다국적 기업과 경쟁 구도를 형성하고 있으며, 온/오프라인 광고, 웹페이지 디자인 등과 같은 다양한

분야로 영역을 확장하여 성장을 거듭하고 있다.

또한, 집중력과 우울증에 대한 뉴로피드백 치료의 효과를 입증하는 다수 연구 결과들이 학계의 인정을 받기 시작하면서 국내뿐만 아니라 중국, 일본 등 전통적으로 교육열이 높은 아시아 국가들을 중심으로 뉴로피드백 뇌 학습 센터들이 설립되고 있다. 또한, '뉴로-러닝'을 표방하는 대형 학원들이 BCI 기술을 교육에 접목하여 학부모들의 관심을 끌고 있다. 닌텐도는 5세대 스위치^{Switch} 제품부터 휴대용 무선 뇌파측정기를 기본 컨트롤러 중 하나로 채용하고 집중력 강화 훈련, 브레인 피트니스 등에 활용할 수 있도록 하여 게임, 엔터테인먼트 업계에 신선한 충격을 주었다. 이후, 디자인이 강화된 헤드셋 형태의 초경량 휴대용 뇌파측정기가 젊은층 사이에 하나의 패션 아이템으로 인식되어 유행처럼 번져가면서 이를 응용한 다양한 스마트 기기용 어플리케이션들이 등장하고 있다.

❷ 뇌-컴퓨터 접속 기술이 발전함에 따라, 사지마비 장애인들의 의사소통이 가능해지고 휠체어, 로봇 등 생활보조기구 작동이 가능하게 되었다. 특히 시각 또는 청각의 선택적 주의집중을 활용한 정신적 타자기$^{mental\ typewriter}$가 상용화되고 보급됨에 따라 사지마비 장애인들이 글을 쓰고, 이메일로 외부와 교신하는 것이 가능하게 되었다. 이에 따라 다수의 장애인들이 경제활동에 참여할 수 있게 되었다. 특히 이제는 작고하셨지만 20세기 가장

위대한 학자 중 한 명으로 꼽히는 스티븐 호킹 박사와 같이 루게릭병 등의 신경계 질환을 앓고 있는 다수의 지식인들이 정신적 타자기의 도움을 받아 세상과 소통하게 됨으로써 인류의 과학 기술 발전에도 큰 기여를 하고 있다. 초고령화 사회에 진입하게 됨에 따라 뇌졸중, 치매 환자의 비중이 급증하고 이로 인한 사회, 경제적인 비용이 천문학적인 수준으로 증가하였다. 최근 뇌졸중 환자의 재활 시, 병변 부위의 뇌 활성도를 함께 증가시키는 'BCI 신경재활' 방식이 전통적인 운동 재활 방식에 비해 매우 뛰어난 효과가 있음이 과학적으로 입증됨에 따라, BCI 신경재활이 일반화된 뇌졸중 재활 방법으로 인정받게 되었다. 이로 인해 신경계 질환 환자들의 재활 성공률이 높아져 경제 활동에 복귀하는 비율이 크게 증가하였다. 또한, BCI 기술에서 파생된 치매 조기 진단, 치매 예방 및 인지재활 프로그램이 중대형 정신건강의학과 및 실버타운에 널리 보급됨에 따라 급증하던 치매 발병률이 소강상태를 보이고 있으며 노년층의 경제 활동 참여가 활발해지는 경향이 관찰되고 있다. 또한 BCI 기술에서 파생된 브레인 피트니스, 브레인 사우나 기술이 상용화되고 뇌파를 이용한 엔터테인먼트 및 가상현실 기술이 보급됨에 따라 현대인들의 스트레스 해소에 큰 기여를 하고 있다.

먼 미래에는 2014년 개봉한 영화 〈트랜센던스transcendence〉에서와 같이 한 사람의 뇌를 통째로 읽어서 컴퓨터에 저장하거나 다른 사람의 뇌에 이식하는 일도 가능할지 모른다. 실제로 위키피디아에서 'Brain-Computer Interface'라는 키워드로 검색하면 뇌이식Brain transplant, 마음 업로딩Mind uploading, 전신 이식Whole-body transplant과 같은 연관 검색어를 찾을 수 있다. 또 다른 관점에서 보면 인류가 그토록 갈망했던 '영생'을 이룰 수 있는 기술들이다. 물론 윤리적인 측면이 함께 고려돼야 한다. 한 사람의 생각을 컴퓨터에 업로드할 때 누군가가 그 생각을 읽어낼 수 있는 뉴로해킹neurohacking의 가능성이 있다. 뿐만 아니라 영화 〈트랜센던스〉에서와 같이 한 사람의 뇌와 생각이 다른 사람 혹은 기계에 이식된다면 그 사람이나 기계를 과연 원래 사람으로 볼 수 있을까라는 문제도 발생한다. 실제로 이런 문제를 트랜스휴머니즘transhumanism 문제라고 한다. 파국적인 결말을 보여 준 영화 〈트랜센던스〉는 우리의 과학 기술이 윤리와 철학에 대한 깊은 자기성찰을 통해 발전되어야 한다는 사실을 다시 한 번 일깨워준다.

부록

참고문헌

참고문헌

1장

Leigh R. Hochberg, Mijail D. Serruya, Gerhard M. Friehs, Jon A. Mukand, Maryam Saleh, Abraham H. Caplan, Almut Branner, David Chen, Richard D. Penn, John P. Donoghue, 2006, Neuronal ensemble control of prosthetic devices by a human with tetraplegia, Nature 442: 164-171.

Johan Wessberg, Christopher R. Stambaugh, Jerald D. Kralik, Pamela D. Beck, Mark Laubach, John K. Chapin, Jung Kim, S. James Biggs, Mandayam A. Srinivasan, Miguel A. L. Nicolelis, 2000, Real-time prediction of hand trajectory by ensembles of cortical neurons in primates, Nature 408: 361-365.

Hochberg, L.R., Bacher, D, Jarosiewicz, B, Masse, N.Y., Simeral, J.D., Vogel, J, Haddadin, S., Liu, J., van der Smagt, P., Donoghue, J.P., Reach and grasp by people with tetraplegia using a neurally controlled robotic arm., Nature. 2012 May 17; 485 (7398): 372-5.

Collinger JL, Wodlinger B, Downey JE, Wang W, Tyler-Kabara EC, Weber DJ, McMorland AJC, Velliste M, Boninger ML, Schwartz AB, High-performance neuroprosthetic control by an individualwith tetraplegia.,

Lancet 6736:61816-61819 (2012).

Garrett B. Stanley, Fei F. Li, and Yang Dan, Reconstruction of Natural Scenes from Ensemble Responses in the Lateral Geniculate Nucleus, The Journal of Neuroscience, 1999, 19(18): 8036-8042.

Miyawaki Y, Uchida H, Yamashita O, Sato MA, Morito Y, Tanabe HC, Sadato N, Kamitani Y., Visual image reconstruction from human brain activity using a combination of multiscale local image decoders. Neuron. 2008 60(5):915-29.

Nishimoto et al., Reconstructing visual experiences from brain activity evoked by natural movies, Curr Biol., 2011; 21(19): 1641-1646.

T Horikawa, M Tamaki, Y Miyawaki, Y Kamitani, 2013 Neural decoding of visual imagery during sleep, Science 340 (6132), 639-642.

2장

Monti M.M., Vanhaudenhuyse A., Coleman M.R., Boly M., Pickard J., Tshibanda, J-F., Owen, A.M., Laureys, S. (2010) Willful modulation of brain activity in disorders of consciousness, New England Journal of Medicine, 362(7):579-589.

Cruse D, Chennu S, Chatelle C, et al. Bedside detection of awareness in the vegetative state: a cohort study. Lancet 2011; 378: 2088-94.

Ki-Young Jung, Yong-Seo Koo, Byung-Jo Kim, Deokwon Ko, Gwan-Taek Lee, Kyung Hwan Kim, and Chang-Hwan Im, "Electrophysiological disturbances during daytime in patients with restless legs syndrome: Further evidences of cognitive dysfunction?" Sleep Medicine, vol. 12, pp. 416-421, 2011.

Hill N, Lal T, Bierig K, Birbaumer N, Scholkopf B. An Auditory Paradigm for Brain-Computer Interfaces. In: Saul LK, Weiss Y, Bottou L, editors. Advances in Neural Information Processing Systems. Cambridge, MA:

MIT Press; 2005. pp. 569-576

Ki-Young Jung, Yong-Seo Koo, Byung-Jo Kim, Deokwon Ko, Gwan-Taek Lee, Kyung Hwan Kim, and Chang-Hwan Im, "Electrophysiological disturbances during daytime in patients with restless legs syndrome: Further evidences of cognitive dysfunction?" Sleep Medicine, vol. 12, pp. 416-421, 2011.

Brouwer AM, van Erp JB.A tactile P300 brain-computer interface. Front Neurosci. 2010, 6;4:19

Kim DW, Hwang HJ, Lim JH, Lee YH, Jung KY, Im CH. Classification of Selective Attention to Auditory Stimuli: Toward Vision-Free Brain-Computer Interfacing. J Neurosci Meth. 2011; 197:180-185.

Jeong-Hwan Lim, Han-Jeong Hwang, Chang-Hee Han, Ki-Young Jung, and Chang-Hwan Im, "Classification of binary intentions for individuals with impaired oculomotor function: "Eyes-closed" SSVEP-based brain-computer interface (BCI)," J. Neural Eng., vol. 10, no. 2, Art.no. 026021, 2013.

Kelly Tai and Tom Chau, Single-trial classification of NIRS signals during emotional induction tasks: towards a corporeal machine interface,Journal of NeuroEngineering and Rehabilitation 2009, 6:39

3장

Han-Jeong Hwang, Soyoun Kim, Soobeom Choi, and Chang-Hwan Im, "EEG-based Brain-Computer Interfaces (BCIs): A Thorough Literature Survey," Int. J. Hum.-Comput. Interact., vol. 29, pp. 814-826, 2013.

Bettina Sorger, Joel Reithler,Brigitte Dahmen, Rainer Goebel, A Real-Time fMRI-Based Spelling Device Immediately Enabling Robust Motor-Independent Communication, Curr. Biol., 22(14): 1333-1338, 2012.

L. A. Farwell and E. Donchin, "Talking off the top of your head: A mental prosthesis utilizing event-related brain potentials," Electroencephalogr. Clin. Neurophysiol., vol. 70, pp. 510-523, 1988.

Han-Jeong Hwang, Jeong-Hwan Lim, Young-Jin Jung, Han Choi, Sang Woo Lee, and Chang-Hwan Im, "Development of an SSVEP-based BCI Spelling System Adopting a QWERTY-Style LED Keyboard," J. Neurosci. Methods, vol. 208, pp. 59-65, 2012.

Merzenich, M.M.; Kaas, M., M. Sur and C.S. Lin (1978). "Double representation of the body surface within cytoarchitectonic areas 3b and 2 in Sl in the owl monkey (Aotus trivirgatus)". J. Comp. Neurol. 181:41-73.

Kai Keng Ang and Cuntai Guan, "Brain-Computer Interface in stroke rehabilitation", Journal of Computing Science and Engineering, Vol. 7, No. 2, June 2013, pp. 139-146.

4장

E.T. Solovey, K. Chauncey, F. Lalooses, M. Parasi, D. Weaver, M. Scheutz, P. Schermerhorn, A. Sassaroli, S. Fantini, A. Girouard, R.J.K. Jacob, "Sensing Cognitive Multitasking for a Brain-Based Adaptive User Interface," Proc. ACM Conference on Human Factors in Computing Systems CHI'11, ACM Press (2011).

Frantzidis, C.A. Bratsas, C. ; Papadelis, C.L.; Konstantinidis, E.; Pappas, C.; Bamidis, P.D. Toward Emotion Aware Computing: An Integrated Approach Using Multichannel Neurophysiological Recordings and Affective Visual Stimuli, IEEE Transactions on Information Technology in Biomedicine,Volume 14 Issue 3, 2010, Pages 589-597.

S. M. Lee, J. H. Kim, H. J. Byeon, Y. Y. Choi, K. S. Park, and S. H. Lee, "A capacitive, biocompatible and adhesive electrode for long-term and cap-free monitoring of EEG signals," J Neural Eng, vol. 10, p. 036006, Apr 10 2013.

5장

Benjamin I. Rapoport, Jakub T. Kedzierski, Rahul Sarpeshkar, "A Glucose Fuel Cell for Implantable Brain-Machine Interfaces," PLoS ONE, Vol. 7, No. 6, e384386, 2012.

J. Viventi, D.-H. Kim, L. Vigeland, E.S. Frechette, J. A. Blanco, Y.-S. Kim, A.E. Avrin, V.R. Tiruvadi, S.-W. Hwang, A.C. Vanleer, D.F. Wulsin, K. Davis, C.E. Gelber, L. Palmer, J. Van der Spiegel, J. Wu, J. Xiao, Y. Huang, D. Contreras, J. A. Rogers, and B. Litt, "Flexible, foldable, actively multiplexed, high-density electrode array for mapping brain activity in vivo," Nature Neuroscience, Nov. 2011, pp. 1-9.

6장

Chang-Hwan Im, Hyun-Kyo Jung, and Norio Fujimaki, "fMRI constrained MEG Source Imaging and Consideration of fMRI Invisible Sources," Hum. Brain Mapp., vol. 26, no. 2, pp. 110-118, 2005.

Myriam Pannetier, Claude Fermon, Gerald Le Goff, Juha Simola, Emma Kerr, Femtotesla Magnetic Field Measurement with Magnetoresistive Sensors, Science 2004: Vol. 304. no. 5677, pp. 1648-1650.

7장

Langleben DD, Schroeder L, Maldjian JA, Gur RC, McDonald S, Ragland JD, O'Brien CP, Childress AR.Brain activity during simulated deception: an event-related functional magnetic resonance study.Neuroimage. 2002;15(3):727-32.

Hambrick, D. Z., Oswald, F. L., Altmann, E. M., Meinz, E. J., Gobet, F., & Campitelli, G. (2014). Deliberate practice: Is that all it takes to become an expert? Intelligence, 45, 34-45.

8장

John G White, Eileen Southgate, J Nichol Thomson, Sydney Brenner, The structure of the nervous system of the nematode Caenorhabditis elegans, Philosophical Transactions of the Royal Society of London. B, Biological Sciences, Volume 314, Issue 1165, Pages 1-340, 1986.

Sook Hui Kim, Jun Sung Park, Hyun-Jung Ahn, Sang Won Seo, Jong-Min Lee, Sung Tae Kim, Seol-Heui Han, Duk L. Na, Voxel-Based Analysis of Diffusion Tensor Imaging in Patients with Subcortical Vascular Cognitive Impairment: Correlates with Cognitive and Motor Deficits, Journal of Neuroimaging, Vol. 21(4), p. 317-324, 2011.

Miseon Shim, Do-Won Kim, Seung-Hwan Lee, and Chang-Hwan Im, "Disruptions in small-world cortical functional connectivity network during an auditory oddball paradigm task in patients with schizophrenia," Schizophr. Res., vol. 156, pp. 197-203, 2014.

9장

Fischl, B., and Dale, A.M., (2000), Measuring the Thickness of the Human Cerebral Cortex from Magnetic Resonance Images, Proceedings of the National Academy of Sciences, 97:11044-11049.

10장

Datta, A., Bikson, M., and Fregni, F. (2010). Transcranial direct current stimulation in patients with skull defects and skull plates: High-resolution computational FEM study of factors altering cortical current flow. NeuroImage 52, 1268-1278.

Chang-Hwan Im, Hui-Hun Jung, Jung-Do Choi, Ki-Young Jung, and Soo Yeol Lee, "Determination of Optimal Electrode Positions for Transcranial Direct Current Stimulation (tDCS)," Phys. Med. Biol., vol. 53, pp. N219-N225, 2008.

Ambrus GG, Paulus W, Antal A (2010) Cutaneous perception thresholds of electrical stimulation methods: comparison of tDCS and tRNS. Clin Neurophysiol 121:1908-1914.

L. Marshall, H. Helgadottir, M. Molle, J. Born, Boosting slow oscillations during sleep potentiates memory, Nature, 444 (7119) (2006), pp. 610-613.

Wells, J, Konrad, P, Kao, C, Jansen, ED, Mahadevan-Jansen, A. Pulsed laser versus electrical energy for peripheral nerve stimulation. J Neurosci Methods, 163(2), 326-37, 2007.

Wentz, Christian T; Bernstein, Jacob G; Monahan, Patrick; Guerra, Alexander; Rodriguez, Alex; Boyden, Edward S (2011). "A wirelessly powered and controlled device for optical neural control of freely-behaving animals". Journal of Neural Engineering 8 (4): 046021.

Sierra, Noninvasive deep brain stimulation using focused energy sources, Current Sciences, vol. 98, no. 1, pp. 27-29, 2010.

11장

Cerf M., Thiruvengadam N., Mormann F., Kraskov A., Quiroga R. Q., Koch C., Fried I. (2010). On-line, voluntary control of human temporal lobe neurons. Nature 467, 1104-1108.

Sterman, M.B.; Friar, L. (1972). "Suppression of seizures in an epileptic following sensorimotor EEG feedback training". Electroencephalogr Clin Neurophysiol 33 (1): 89-95.

Paul G. Swingle, Biofeedback for the Brain: How Neurotherapy Effectively Treats Depression, ADHD, Autism, and More, Rutgers University Press, 2008.

Caria A, Veit R, Sitaram R, Lotze M, Weiskopf N, Grodd W, Birbaumer

N (2007): Regulation of anterior insular cortex activity using real-time fMRI. Neuroimage 15:1238-1246.

J. Katherine, et al., The Journal of Neuropsychiatry and Clinical Neurosciences 26 (2014) 155-163.

R.A. Morey, et al., Archives of General Psychiatry 69 (2012) 1169-1178.

K. Britta, et al., Social Cognitive and Affective Neuroscience 5 (2010) 11-17.

13장

Eric C Leuthardt, Charles Gaona, Mohit Sharma, Nicholas Szrama, Jarod Roland, Zac Freudenberg, Jamie Solis, Jonathan Breshears, Gerwin Schalk, Using the electrocorticographic speech network to control a brain-computer interface in humans, 2011, Journal of neural engineering 8 (3), 036004.

Gopala K. Anumanchipalli, Josh Chartier, Edward F. Chang, (2019) Speech synthesis from neural decoding of spoken sentences, Nature 568:493-498.

부록

뇌 구조도와
뇌공학의 발달

❶ 대뇌피질

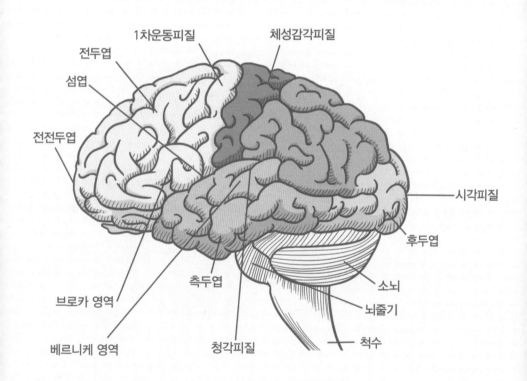

1차운동피질   체성감각피질

전두엽

섬엽

전전두엽

시각피질

후두엽

브로카 영역

측두엽

소뇌

뇌줄기

베르니케 영역

청각피질

척수

❷
종앙종단면

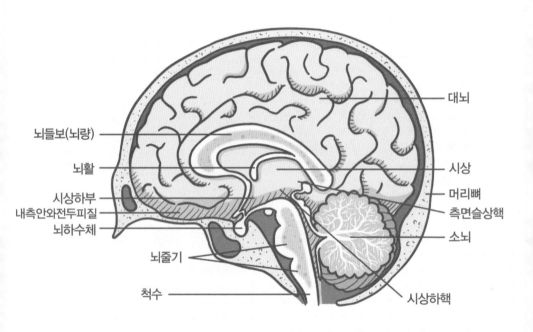

뇌들보(뇌량)   대뇌

뇌활   시상

시상하부   머리뼈
내측안와전두피질   측면슬상핵
뇌하수체   소뇌

뇌줄기

척수   시상하핵

❸
변연계

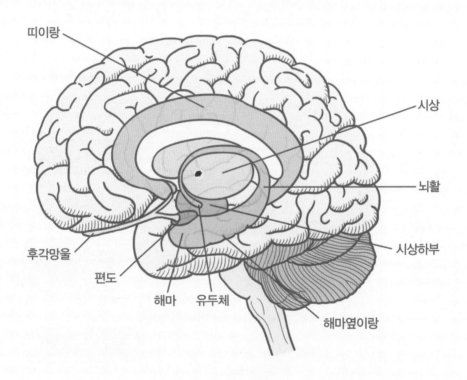

띠이랑

시상

뇌활

시상하부

후각망울

편도

해마 유두체

해마옆이랑

뇌공학

뇌 읽기 기술 ········· 뇌파, fMRI, 미세전극배열

뇌 조절 기술

침습적 뇌 조절

비침습적 뇌 조절

자가 뇌 조절

뇌 영상 분석

확산 텐서영상(DTI)

구조적 뇌영상(MRI)

운동 의도 읽기 --- 외부 기계 제어

생각, 집중 읽기 --- 식물인간과 의사소통
            --- 정신적 타자기

잠재의식 읽기 --- 거짓말 탐지기
            --- 뉴로 마케팅

감정, 뇌 상태 읽기 --- 감성 인터페이스

심부뇌자극(DBS) --- 뇌질환 치료

광유전학
(Optogenetics) --- 뇌 연결성 규명

TMS, tDCS,
초음파 뇌자극 --- 뇌질환 치료

뉴로피드백
(Neurofeedback) --- 인지 증폭

뇌 연결성(커넥톰 규명)

뇌질환(치매) 조기 진단

초판 1쇄 발행   2015년 7월 17일
개정판 1쇄 발행   2023년 1월 12일

지은이   임창환
펴낸곳   MID (엠아이디)
펴낸이   최종현
총괄   유정훈
기획   김동출
디자인   김진희

주소   서울특별시 마포구 신촌로 162, 1202호
전화   02) 704-3448
팩스   02) 6351-3448
이메일   mid@bookmid.com
홈페이지 www.bookmid.com
등록   제 2011-000250호

ISBN   979-11-90116-78-7(03400)